JN191804

どうして心臓は動き続けるの?

生命をささえるタンパク質のなぞにせまる

大阪大学蛋白質研究所 編

化学同人

はじめに

みなさんは「蛋白質（たんぱくしつ）」と聞くと，何を思い浮かべるでしょうか？　多くの人は，肉や魚，卵などに多くふくまれる三大栄養素のひとつとして，わたしたち人間にとって欠くことのできないものとして，思い起こすことでしょう．しかし，蛋白質は単なる栄養素ではなく，わたしたちをはじめとする，すべての生物における生命活動の大部分を担う重要な分子です．また，蛋白質の働きがおかしくなると病気になることも多く，薬を設計するうえで，その働きやかたちを知ることはたいへん重要です．大阪大学蛋白質研究所では，生命を理解していくことを目指して，60年にわたってさまざまなアプローチを駆使しながら蛋白質の研究を続けてきました．本書は，蛋白質の基礎から最先端の研究までの一端を紹介しています．蛋白質という分子の面白さや重要さを少しでも感じていただければ，著者一同とてもうれしく思います．

ところで，蛋白質は日本では「タンパク質」とか「たんぱく質」のようにも表記されますが，これは「蛋」という漢字が常用漢字にも人名漢字にも指定されていないため，辞書や新聞では使われにくかったことによります．「蛋」は中国料理のピータン（皮蛋）という言葉からも想像されるように，「卵」を意味しています．ですので，「蛋白」は「卵の白身」という意味になります．

実は「蛋白質」という言葉は日本ではじめて使われ，その後に中国へ逆輸入されました．現在中国では「蛋白质」と表記されています．ですから，この漢字を発明した日本でこそ，もっと「蛋白質」という表示を使ってほしいと思っていますし，私どもの研究所の名称も「大阪大学蛋白質研究所」と漢字で記載しています（本書中では，学術用語として文部科学省が推奨している「タンパク質」で統一しています）．

ちなみに「蛋白質」は英語では protein（プロテイン）と記されますが，これはギリシャ語の $\pi\rho\omega\tau\alpha$（プロタ：生命にとって基本的な物質という意味）に由来し，1838年にスウェーデンのJ・J・ベルセリウスにより提案されたものです．みなさんがよく目にする「プロテイン飲料」などの補助栄養剤は，栄養となる蛋白質あるいはそれらの断片を適切に含んだもの，ということになります．

本書は，この生命をささえる最も重要な分子である蛋白質のしくみや働きについてわかりやすく理解してもらうことを目指して書かれています．それぞれの章では，最初のページにグラフィックスを配して，おおよその内容がわかるように心がけました．本文を読みながら眺めてみてください．本書を通して，蛋白質の働きや生命の複雑さ，不思議さを理解してもらえれば幸いです．

最後に，本書を制作するにあたり，化学同人の栫井文子さんにはたいへんお世話になりました．この場をお借りして，深く感謝いたします．

2018 年 10 月

著者を代表して　中川　敦史

CONTENTS

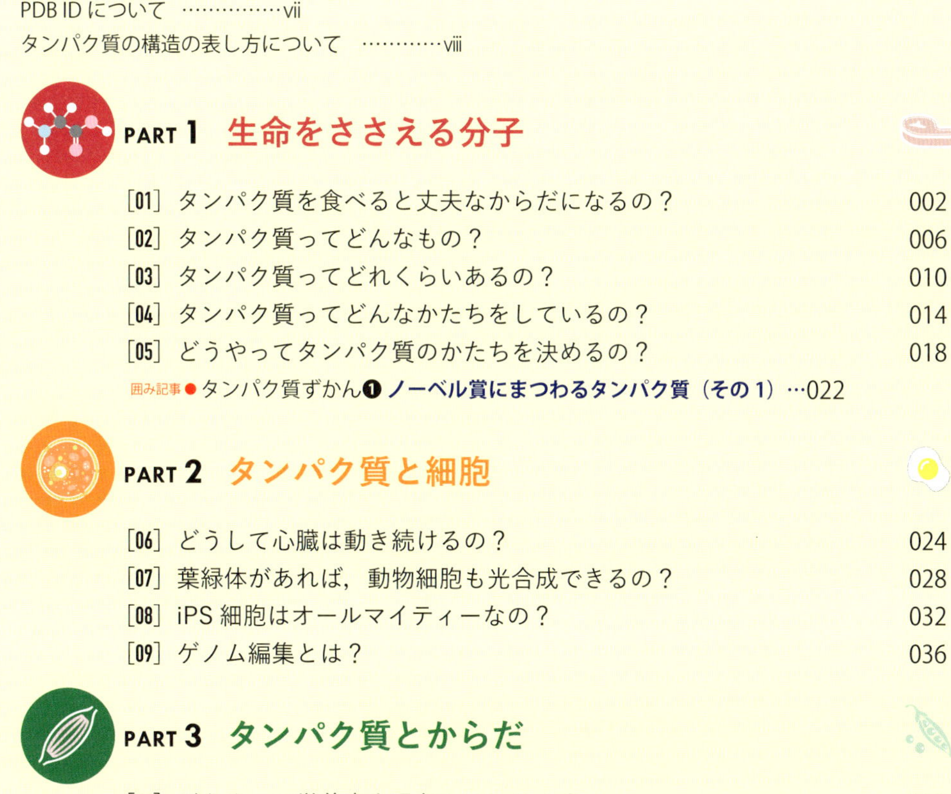

PART 1 生命をささえる分子

PART 2 タンパク質と細胞

PART 3 タンパク質とからだ

PART 4　タンパク質と神経・脳

PART 5　タンパク質と病気

グラフィックス　鈴木素美（工房素）

❖ PDB ID について ❖

本書のタンパク質の名前の後ろに書いてある記号は，「PDB ID」とよばれる世界共通の番号だ．研究者がタンパク質の構造を突き止めたら，その三次元立体構造をデータバンクに登録し PDB ID が決まる．蛋白質研究所は，蛋白質立体構造データバンク（Protein Data Bank）のひとつ，日本蛋白質構造データバンク（Protein Data Bank Japan:PDBj）を運営している．

たとえば，本書に掲載されている「ミオグロビン」の三次元構造（CG 画像）は，「1MBN」というデータから描きだされている．PDBj のウェブサイトでは，これら三次元構造を見るだけでなく，マウスで好きな方向へ回転させたり動かしたりして眺めることができる．

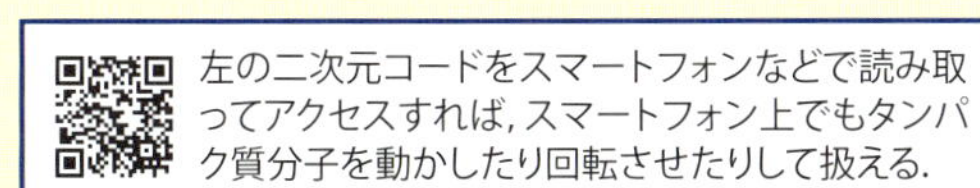

左の二次元コードをスマートフォンなどで読み取ってアクセスすれば，スマートフォン上でもタンパク質分子を動かしたり回転させたりして扱える．

【手順】

❶インターネットで PDBj のサイトを検索する（あるいは「https://pdbj.org/」を入力）．表示された画面（左下図）の，上部分の検索窓に「PDB ID」（たとえば 1MBN）を入力し，エンターキーを押す．すると，左下のような画面になる．赤色で囲んだ部分をクリックすると，別画面（右下図）が開く（Molmil）．

❷マウスで「ドラッグ」すると，分子が回転する．

❸「スクロール」すると，分子が拡大・縮小される．

❹上のタブを開けると，表示方式や色が変えられる．

ぜひ，本書に掲載されているタンパク質の PDB ID を使って，分子をぐりぐり動かして眺めてみよう．

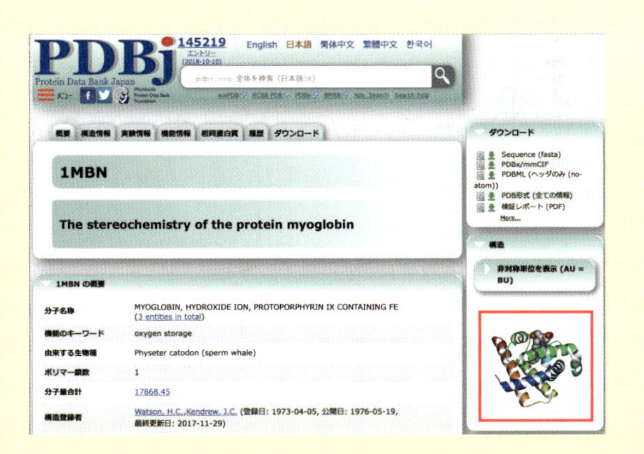

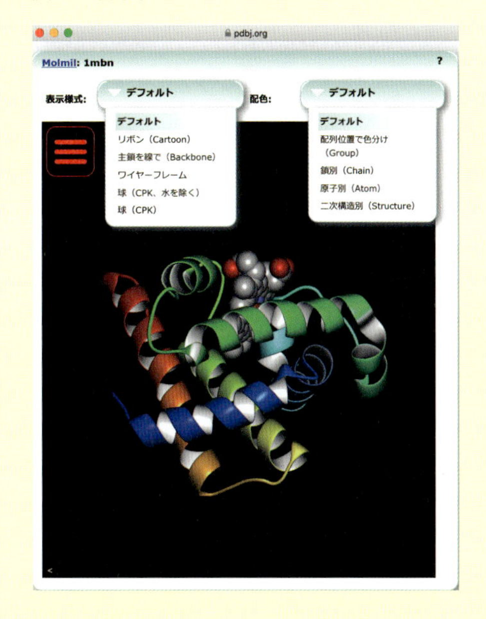

❖ タンパク質の構造の表し方について ❖

タンパク質は，からだのなかのさまざまな化学反応にかかわっている分子だ．タンパク質のかたちはその機能に大きく影響する．かたちだけでなく，タンパク質どうしやほかの分子とタンパク質とが集まった状態も，その機能を変化させる要因となる．そこで，タンパク質の立体的な構造を知る必要がでてくる．立体構造をつかむために，いくつかの表示法が考案されている．ここでは，タンパク質を立体的に表現する方法をいくつか簡単に説明する．

X線結晶解析では，得られた結晶内の電子密度分布を利用してタンパク質のモデルを構築していく．図 1 は電子密度図（electron density map）を三次元のカゴで，分子をそれぞれの原子の位置を線で結んだもので表現している．このように分子を表すのを針金モデル（wire model）という．各線分の端には原子があり，複雑な分子構造を精密に表現するのに向いている．図 2 の棒球モデル（ball-and-stick model）は原子を球で，結合を棒で示している．棒球モデルは針金モデルとほぼ同じ情報が得られるが，棒球モデルは実際の分子模型のように立体感に優れている．

図 3 はリボンモデル（ribbon model）で，ポリペプチド鎖のつながりを理解するために，αヘリックスなどの二次構造をわかりやすく示すためのものだ．αヘリックスはらせん状に巻いたリボンで，βシートは矢印で，ループ領域はひも状に表現されている．また，図のように N 末端から C 末端に向かって赤色から青色へと順に変化するように色づけされていることが多い．図 4 は空間充填モデル（space-filling model）で原子の大きさが考慮されているので，タンパク質分子が空間内でどのように占められているかが把握しやすい．図 5 は分子表面（molecular surface）を表している．この図では，分子表面の電荷分布が負の電荷から正の電荷に向かって，赤色から青色へと順に変化するように色づけされており，静電ポテンシャル図（electrostatic potential map）とよばれる．

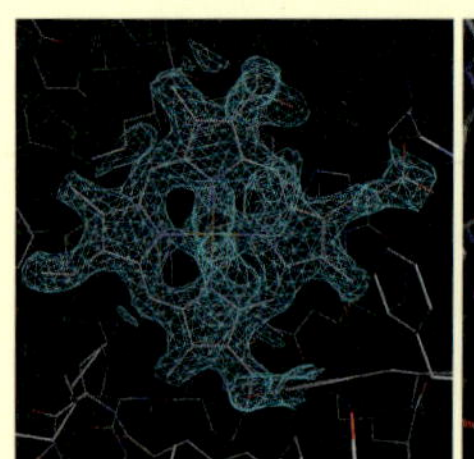

図 1　電子密度図と針金モデル

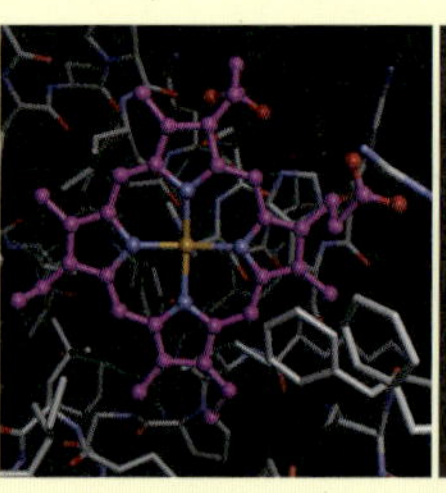

図 2　棒球モデル

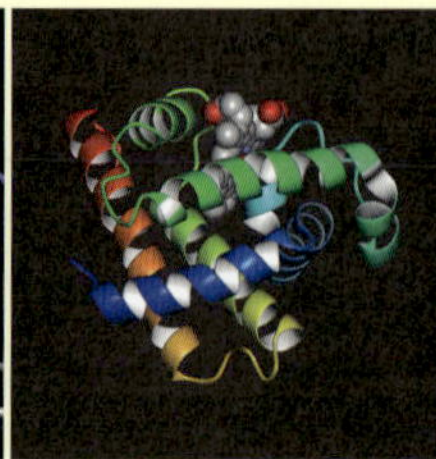

図 3　リボンモデル

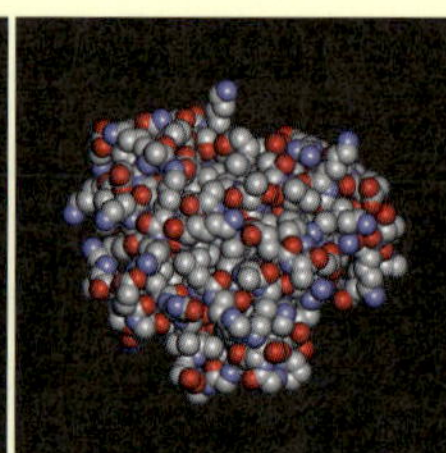

図 4　空間充填モデル

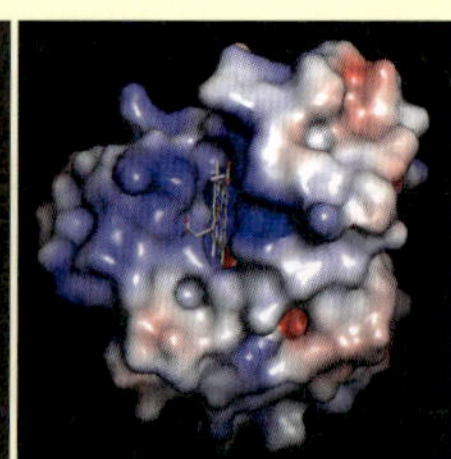

図 5　静電ポテンシャル図（ヘムは棒球モデルで表示）

PART 1

生命をささえる分子

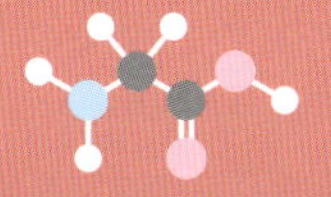

01 タンパク質を食べると丈夫なからだになるの？

遺伝情報とタンパク質

地球上の生命体は，ほぼ同じメカニズムによって，世代を超えて生きている．世代を超えるというのは，ある個体がその祖先から遺伝情報を引きつぎ，また次の世代へと遺伝情報を引き渡していく，という意味だ．この遺伝情報はみなさんがよく耳にするDNA（デオキシリボ核酸）とよばれる長い分子の鎖に書き込まれている．ヒトの場合には，父親と母親の両方から遺伝情報がDNAとして子どもに伝わるため，それぞれの人に特有のDNAをもつ．ただし，「血（遺伝情報）がつながった」家族間では，似たような遺伝情報をもつことになる．

それでは，この遺伝情報とはどのようなものなのだろうか？　これこそが，生命体をかたちづくっているさまざまな「タンパク質」群の情報なのだ．このうち，どのタンパク質をいつ，どこでつくるかという情報もDNA上には書き込まれている．

タンパク質とわたしたちの身体

わたしたちの身体を構成する要素のうち，約20%がタンパク質でできており，60%ほどを占める水に次いで2番目に多い．筋肉だけでなく皮膚や爪，髪の毛，心臓をはじめとする内臓，目のようなさまざまな器官もタンパク質でできている．さらに，それぞれの器官や臓器でおこなわれる知覚や脳・神経の働き，あるいは食べ物の消化といった反応も，それぞれ受容体タンパク質や酵素タンパク質が中心となっておこなっている．また冒頭に述べたように，世代を超えて遺伝情報を伝えたり，遺伝情報からタンパク質分子という物理的な実体を発現させたりするときにも，さまざまな種類のタンパク質が働いている．

わたしたちの体内で働いているタンパク質は，その構成要素であるアミノ酸を鎖のようにつなげて体内でつくられている．ただし，必ずしもすべての種類のアミノ酸をわたしたちの身体のなかでつくることができるわけではなく，なかにはヒトがつくることのできないアミノ酸もある．このようなアミノ酸を必須アミノ酸という．毎日の食事で肉や魚から必須アミノ酸を取り入れたり，プロテイン飲料といった補助栄養食品を口にしたりしながら，タンパク質として身体のなかへ補給する．こうして取り入れられたタンパク質は，胃や腸でアミノ酸にまで分解され，新しいタンパク質の「もと」として身体のなかで再合成される．

厚生労働省の「日本人の食事摂取基準（2015年版）」によると，成人では毎日平均で40～50グラムのタンパク質を摂取する必要がある．水分以外の成分として，豆腐には50%の，豆腐を加工して鳥肉のように見立てた「がん（雁）もどき」には42%ものタンパク質がふくまれている（数字は文部科学省の「食品成分データベース」による）．これらのタンパク質の量は，水分が多いため単純には比較できないが，和牛の肉にふくまれる65%のタンパク質やクロマグロにふくまれる89%のタンパク質と比べても遜色ない．したがって，菜食主義者はたとえ肉を食べなくても生きていけるわけだ．

タンパク質のかたちと役割

わたしたちのからだで起こっている複雑な生命活動は，1種類のタンパク質だけで担われているのではなく，多くの種類のタンパク質が連鎖反応的に一連の反応を起こして働いている．そのうちのひとつ，代謝反応では外界から取り入れた物質を分解してエネルギーを得たり，新しい物質を合成したりしている．代謝をおこなううえで，いろいろな酵素が単純な化学反応を触媒している．この酵素の正体はタンパク質であり，作用する物質に特異性をもっている．

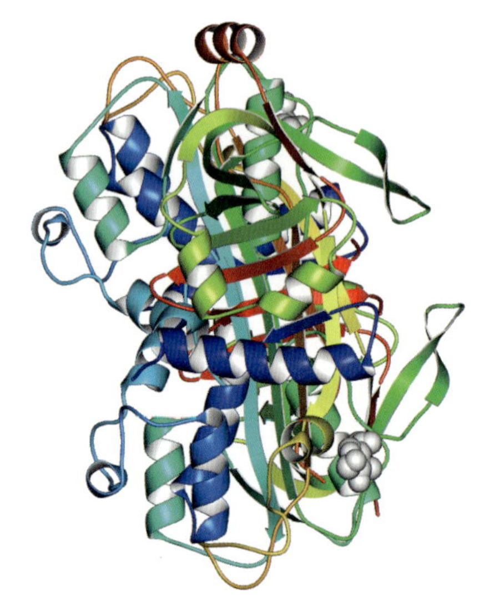

図1　卵の白身を構成するおもなタンパク質であるオボアルブミンの立体構造
タンパク質分子の主鎖のみをリボンで示した（PDB：1OVA）．

これはつまり，タンパク質が化学反応を起こす相手の分子を間違いなく認識しているということだ．この過程を「分子認識」という．分子認識を可能にしているのが，それぞれのタンパク質が特有のかたちをとっている点にある．

大阪大学蛋白質研究所では，国際連携により蛋白質構造データバンク（Protein Data Bank；PDB）という公共のデータベース（https://pdbj.org）を運営している．ここには，さまざまなタンパク質のかたちに関する情報が大量に蓄えられていて，まるでチョウやガの図鑑を見るように，タンパク質のかたちを眺め，観察することができる．

しかし，タンパク質は柔らかいことが多いため，いつもこの「蛋白質構造データバンク」で公開されているようなかたちと同じように，静的なかたちをしているわけではないこともわかってきた．

血液中のホルモンやモルヒネなどの化合物は，生体膜を貫通している受容体というタンパク質によって特異的に認識される．いったん認識されると，受容体の構造は大きく変化し，化合物の血中濃度が上昇したという信号を細胞内へ伝える．さらに最近では，認識すべき相手の分子が近くにくると自動的に特別なかたちに変化するという，きわめてダイナミックな構造変化を起こすタンパク質の仲間があることもわかってきた．

卵のなかのタンパク質

「蛋白（たんぱく）」という語は，もともとは「卵の

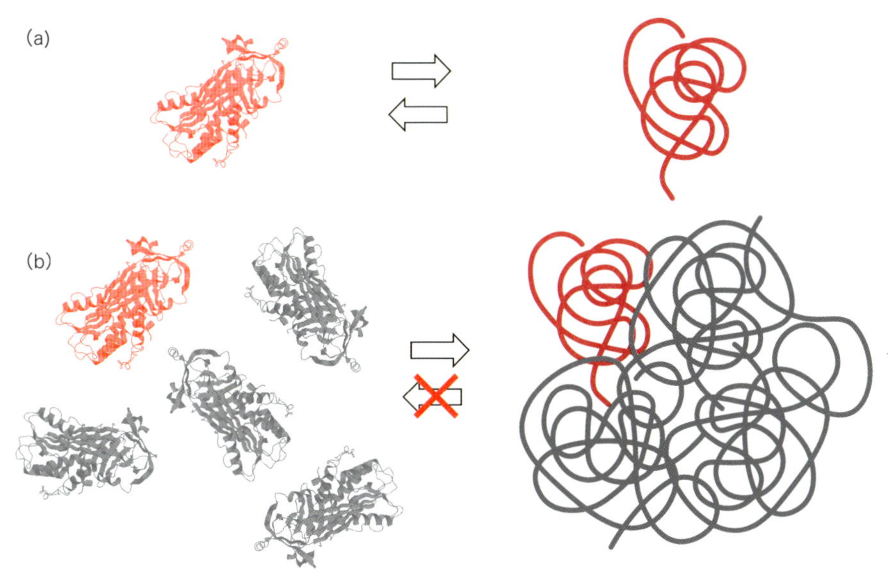

図 2　熱でオボアルブミンが変性してしまった状態(右側)

(a)のように濃度が薄く，タンパク質分子が溶液中で孤立しているときには，温度を下げると元の左図の状態に戻る．(b) のように濃度が濃い場合には，熱で変性すると右図のように，タンパク質分子が糸状となって絡み合い，固化する．

白身」という意味だ．実際，卵の白身にはたいへん濃い，さまざまなタンパク質の分子が溶けている．そのなかで最も主要なタンパク質は，オボアルブミンだ (図 1)．このタンパク質分子は，熱やアルカリの影響を受けて，そのかたちが壊れてしまう．これを変性という．この変性のために乱雑なかたちをした鎖状になると，濃度が高いために鎖が絡まってしまい，液状ではなく固まってしまう (図 2)．この固まった部分が，ゆで卵やピータンとしてわたしたちが食べている，あの硬くなった卵の白身部分なのだ．

このように，タンパク質はわたしたちに身近なものというよりも，むしろわたしたち自身であるといっても過言ではないだろう．つまり，タンパク質はわたしたちのからだになくてはならない物質であり，栄養素としてのタンパク質を理解することは重要だ．一方で，栄養素の面だけでなく，タンパク質のかたちや機能を知ることは，わたしたちの運動や神経，脳の働きの一番小さな単位とそのメカニズムを知ることでもある．さらに，わたしたちのかかる病気にはタンパク質の異常が深くかかわっており，病気の原因を解明していくためにも，タンパク質の理解が欠かせない．これからのタンパク質研究により，生命の理解がさらに進み，病気の新しい治療法の開発に結びつくことが期待できる．

02 タンパク質ってどんなもの？

タンパク質を構成するアミノ酸 20 種

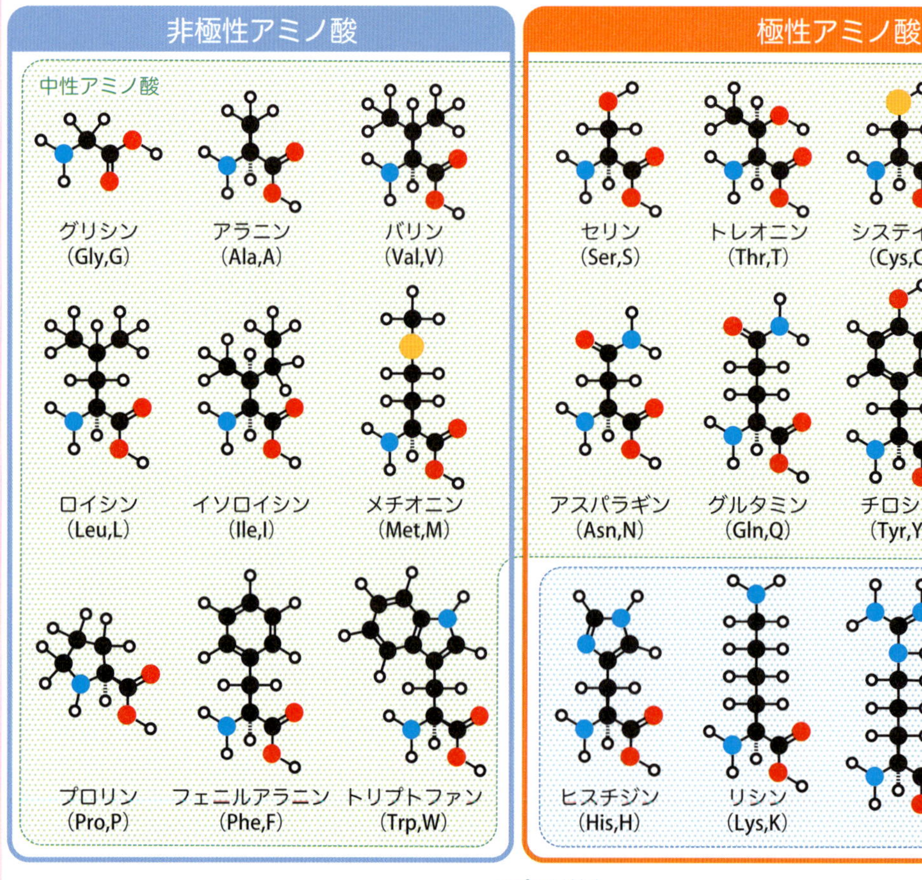

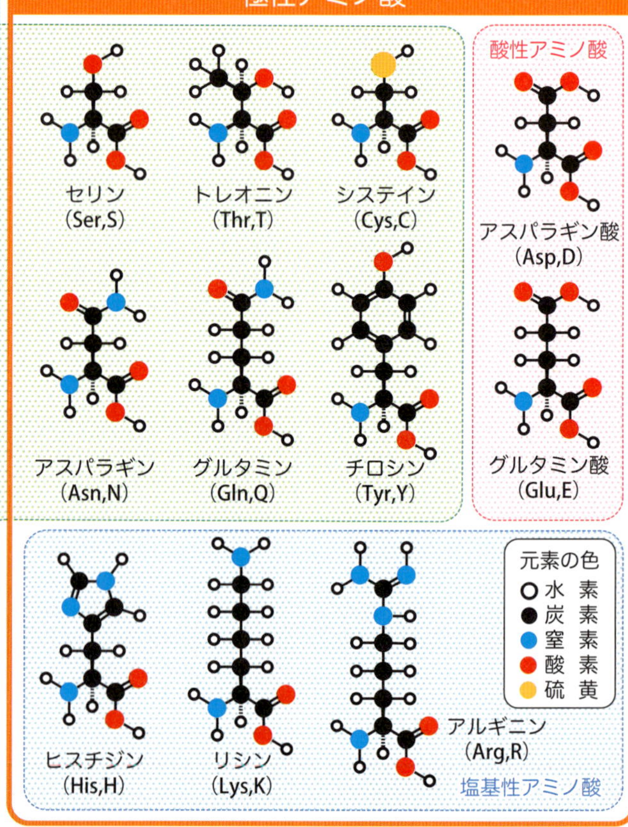

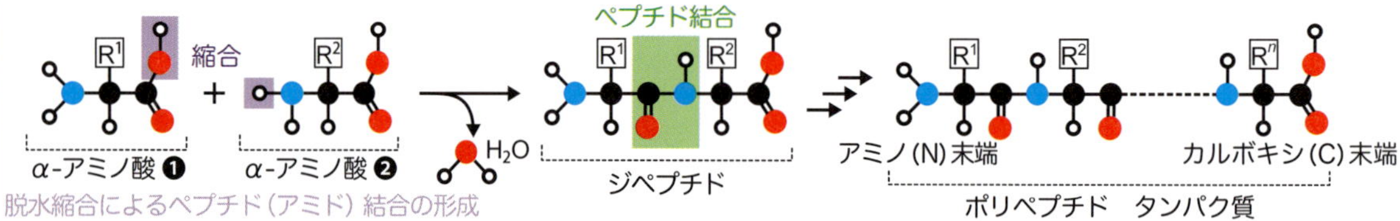

脱水縮合によるペプチド（アミド）結合の形成

タンパク質はアミノ酸がペプチド結合でつながって構成される生体高分子だ．明確な基準はないが，アミノ酸が 2 個以上，50 個程度までつながったものをペプチド，より大きいものをタンパク質とよぶことが多い．これらのペプチドやタンパク質は，つながったアミノ酸の配列によってさまざまな構造をかたちづくり，特有の機能を発揮する．

タンパク質の立体構造

タンパク質の構造は，一次構造，二次構造，三次構造，四次構造の 4 つに分けられる．一次構造はアミノ酸がビーズのように連なった配列構造で，二次構造はヘリックスやシートとよばれるタンパク質の一部分が形成する構造だ．二次構造が折りたたまれてひとつのタンパク質分子となったものを三次構造という．さらに，複数のタンパク質分子が形成した複合体が四次構造だ．クリスチャン・アンフィンゼンはリボヌクレアーゼ A という酵素を使って，タンパク質を変性させて構造をこわしても，一定の条件下では構造が再生して酵素活性も回復することを示した．すべてではないが，多くのタンパク質は一次構造によって三次構造が決められているといえよう．

アミノ酸は分子内にアミノ基（NH_2—）とカルボキシ基（—COOH）をもつ化合物で，*α*-アミノ酸の場合，カルボキシ基の隣の炭素（*α*-炭素という）にアミノ基が結合している．「*α*」はカルボキシ基に対するアミノ基の位置を示す．タンパク質の基本構造は，*α*-アミノ酸がつながったものだ．

アミノ酸（とくに断らないかぎり *α*-アミノ酸）の *α*-炭素には，アミノ基やカルボキシ基のほかに水素と側鎖置換基（R で示す．アラニンの場合は CH_3）が結合している．これらは *α*-炭素を中心にして，それぞれ四面体の頂点方向に配置される（図 1）．置換基 R が水素以外のとき「キラリティー」が生じ，まるで鏡に映った像のように互いに重ね合わせることができない鏡像異性体（エナンチオマー）の分子が存在することになる．このときの *α*-炭素を不斉（キラル）炭素という．

分子を立体で示す場合，結合をくさび型で表示することがある．実線は紙面より上側，破線は下側に結合が向いていることを示す．不斉炭素に着目して置換基の絶対配置を表すときには，*R*, *S* 表示法が便利だ．図 1 のように，不斉炭素に結合している置換基のそれぞれの原子番号に着目して順位を決め，その配置で *R*（ラテン語の *rectus*），*S*（ラテン語の *sinister*）と定義する．またアミノ酸や糖などでは，D, L 表示法を用いることが多い．この場合，分子をフィッシャー投影式で表示し，不斉炭素（複数ある場合は一番下の不斉炭素）に着目して，アミノ基（糖の場合はヒドロキシ基）の左右の方向によって D 体（ラテン語の *dextro*），L 体（ラテン語の *levo*）と定義する．生体分子の多くはキラルであり，それはキラルである生体に対する分子の作用に大きく影響している．たとえば L-アスパラギンは苦いが，D-アスパラギンは甘い．タンパク質を構成するアミノ酸はグリシンを除いて *S* 体（システインは *R* 体）で L 体だ．

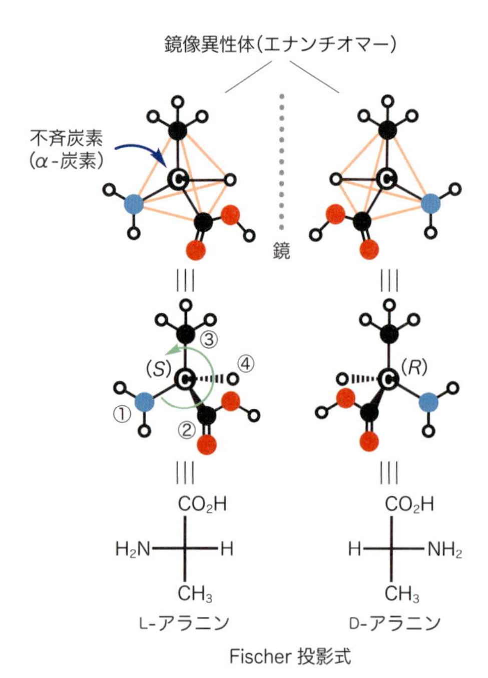

図1　アミノ酸(アラニン)の立体構造

側鎖で決まるタンパク質の性質

タンパク質は基本的に遺伝子にコードされている20種類のアミノ酸がつながったものだ．側鎖置換基には，アミノ基やカルボキシ基，ヒドロキシ基，スルファニル(チオール)基，カルバモイル(アミド)基，グアジニノ基など，いろいろな官能基がある．側鎖置換基が疎水性か親水性かで，非極性アミノ酸と極性アミノ酸とに大きく分けられる．極性アミノ酸はさらに，中性，酸性，塩基性に分類される．

アミノ酸2分子が脱水縮合するとアミド結合が形成され，ジ(2)ペプチドになる．ペプチドにおけるアミド結合をとくにペプチド結合という．アミノ酸がさらに縮合すると，トリ(3)ペプチド，テトラ(4)ペプチドになる．ペプチド中の各アミノ酸由来の部分はアミノ酸残基という．慣例としてアミノ(N)末端のアミノ基を左側に，カルボキシ(C)末端を右側に書く．ペプチド結合をふくむアミノ酸残基のつながりを主鎖，アミノ酸残基の側鎖をペプチド側鎖という．N末端がアラニンで，C末端がロイシンのジペプチドは「アラニルロイシン」といい，3文字表記ではAla-Leu，1文字表記では「AL」と表される．

タンパク質は，フランシス・クリックによって提唱された生物学のセントラルドグマに従って，遺伝子DNAがそれに相補的なRNAに転写され，それがさらに翻訳されて，最終的にタンパク質が生合成される．すなわち，メッセンジャーRNA(mRNA)の情報に従って，リボソームRNA(rRNA)とタンパク質の複合体であるリボソームにおいて，mRNAの3つの塩基配列(コドン)に相補的な塩基配列(アンチコドン)をもつ転移RNA(tRNA)によってそれぞれのアミノ酸が運ばれ合成されているわけだ．多くのタンパク質はその後，翻訳後修飾とよばれる化学修飾を受け，その機能が調整される．側鎖アミノ基やヒドロキシ基などのリン酸化やアセチル化，メチル化といった小さな修飾や糖鎖，小型タンパク質のユビキチンなどによる比較的大きな修飾が知られている．

ペプチドは生合成された前駆体タンパク質が切断されて合成されるものや，リボソームを利用しないで合成されるものがある．後者にはD-アミノ酸や遺伝子にコードされていないアミノ酸をふくむものがある．また複数のシステイン残基をふくみ，分子内（オキシトシンなど）や分子間（インスリンなど）でジスルフィド結合を形成したり，主鎖や側鎖でアミド結合を形成したりして環状となるペプチドがある．これらのペプチドは多様な生理活性をもち，ホルモンや神経伝達物質などとして作用する．毒性を示すペプチドも適量であれば薬となることもあって，創薬研究のもとになる化合物として期待されている．

ペプチドとタンパク質の大量合成

遺伝子組換え技術を利用して目的のタンパク質をコードした遺伝子を導入した「発現ベクター」とよばれる DNA を作製し，大腸菌や培養細胞に導入して，その宿主のタンパク質合成システムを利用し，目的タンパク質を調製することができる．なお，遺伝子組換え実験は有害な作用を示す物質が形成される懸念があるため，厳密な規制のもとでおこなわれる．

化学合成も可能だ．アミノ酸を結合させる場合，それぞれのアミノ酸にはアミノ基とカルボキシ基があり，反応させたいのはどちらか一方のみである．そこで，反応させたくない官能基は「保護基」とよばれる置換基で保護して，それぞれ反応させたいアミノ基とカルボキシ基が遊離のアミノ酸誘導体をそれぞれ準備する（図 2）．必要に応じて側鎖官能基も保護する．これらを縮合させて，保護基を取り除けば（脱保護），ジペプチドが合成できる．また，より大きなペプチドを合成するときには縮合後にアミノ基

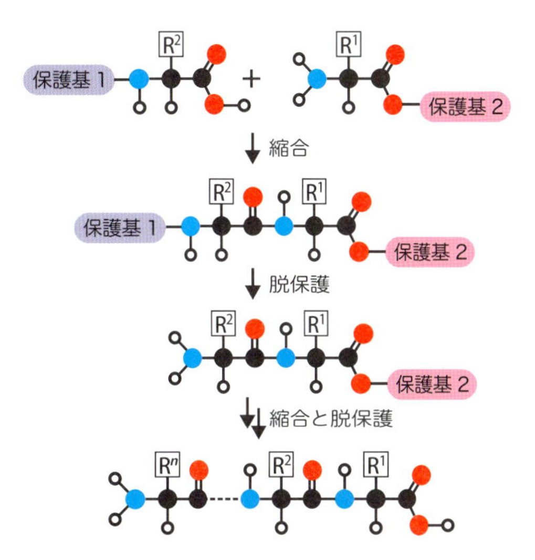

図 2　ペプチドの化学合成

の保護基（保護基 1）のみを脱保護し，次のアミノ基を保護したアミノ酸を縮合させる．これを繰り返せば，目的のペプチドを合成できる．現在では多くの場合，固相法とよばれる方法で効率的にペプチドが合成されている．この方法では，保護基 2 に相当する部分にポリスチレンなどの多孔性樹脂を結合させて，反応操作をより簡便にしている．さらに，自動合成機も開発されて効率よく合成できるようになっている．この装置は 50 残基程度以下のペプチドの合成に適している. タンパク質の合成では, ライゲーション法とよばれる 2 つ以上のペプチド断片を順次選択的に縮合する方法も開発されている．

化学合成では特定の位置に，翻訳後修飾や蛍光団などで化学修飾されたアミノ酸や非天然型構造を導入することができ，生命科学の研究に貢献している．

03 タンパク質ってどれくらいあるの？

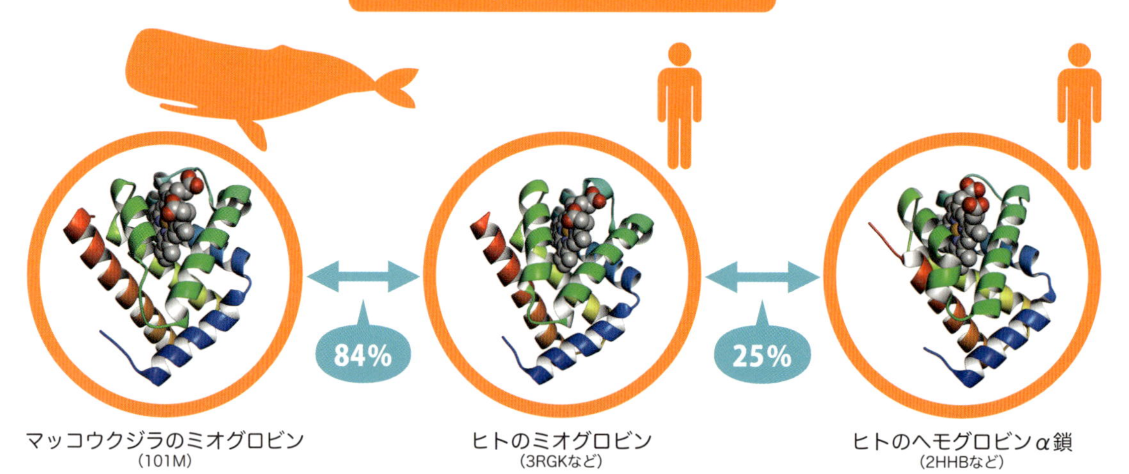

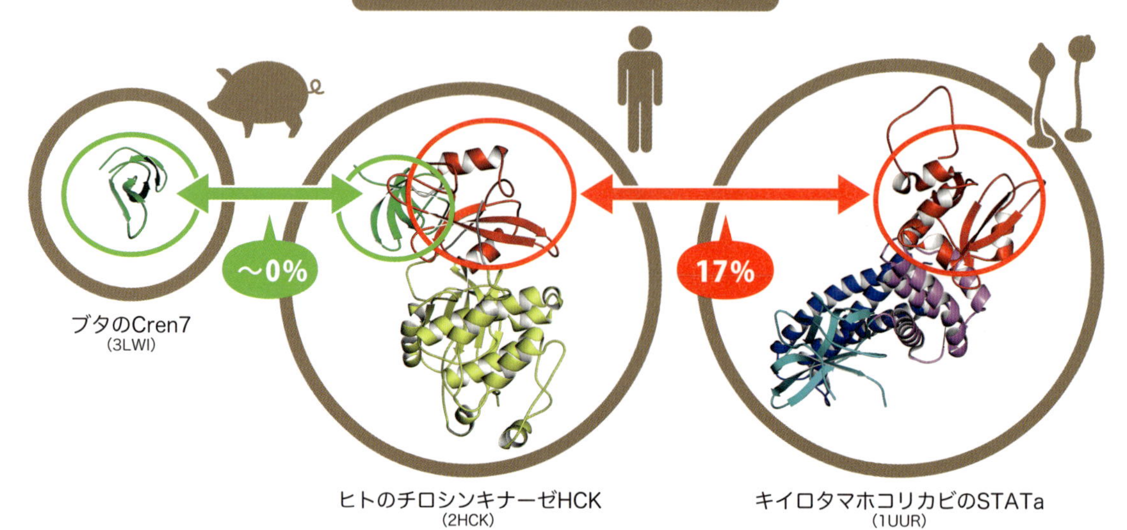

タンパク質の数え方にはコツがある．そのコツを知らないと，収拾がつかなくなる．タンパク質の「数」を物質的な意味で勘定すると，ある生物（たとえばヒト）のそれぞれの細胞や細胞外マトリックスに，どのタンパク質が何個あるかを知る必要があるが，これは現在の技術では測定が困難だ．また，それぞれの個体や細胞の状態によっても，時々刻々とタンパク質は合成と分解を繰り返すので，厳密な測定はあまり意味がない．そこで，タンパク質の「種類の数」を考えてみる．

進化とタンパク質の数

ヒトのゲノムの場合，タンパク質をコードする遺伝子が約23,000個あると見積もられている．しかし遺伝子が転写・翻訳されてタンパク質になる過程でいろいろな編集が加わるため，実際のタンパク質としては，現在ある程度素性のわかっているものだけで，約70,000個が確認されている．このような数を，すべての生物種（真核生物や真正細菌，古細菌，ウイルスなど）について足し合わせれば，タンパク質の「種類」の数は勘定できるだろう．

遺伝子がせいぜい数個程度しかないウイルスもいれば，4000個ほどある大腸菌（真正細菌）もいるし，数万にもなる高等生物もいるため，簡単ではない．ただし，生物種の数はかなり多い（数百万種ともいわれている）ので，タンパク質の種類の数はかなり多そうだと考えられる．実際，「UniProtデータベース（http://www.uniprot.org/）」によると，2017年12月時点でアミノ酸の配列がわかっているタンパク質はおよそ1億種類もあり，その数は近年さらに加速度的に増え続けている．これだけの種類のタンパク質が，地球上での最初の生命誕生以来，いったいどうやって出現してきたのだろうか？

地球上で生活している生物は，地球の歴史のある時点で誕生したひとつの生物種から枝分かれして進化してきたと考えられている．生物の重要な構成要素であるタンパク質も，生物種の進化に伴って進化しており（分子進化），約1億種類のそれぞれが独立に誕生したとは考えられていない．実際，アミノ酸の配列を比較してみると，いろいろなタンパク質が実は互いによく「似ている」とわかる．たとえばヒトとマッコウクジラのミオグロビンは，ともに筋肉中で酸素を貯蔵するタンパク質で，約150アミノ酸残基のうち約84％は同じアミノ酸残基をもつ．また，ヒトのミオグロビンとヒトのヘモグロビンのα鎖（赤血球で酸素を運搬するタンパク質の一部分）は約25％のアミノ酸残基が一致している．

25％の一致率というのは低い数値に見えるが，約150残基からなるタンパク質では，単純に考えて20の150乗の（おそらく全宇宙に存在する原子の数よりも多い）種類のアミノ酸配列が存在できるはずで，それらのうちで25％が一致するアミノ酸配列が見つかる確率はかぎりなくゼロに近い．つまり25％という一致率は統計的にありえないため，その一致には偶然ではない何らかの「必然性」があると結論せざるをえない．その必然性とはすなわち，これら２つのタンパク質は，過去に同じタンパク質だったものが生物進化の過程で分岐したあと，それぞれが少しずつ変化してできたものだということだ．

分子進化が起こるしくみ

　このように，アミノ酸配列を比較・分類して，似た配列のタンパク質をひとつのグループにまとめ，グループ（このグループを「ファミリー」または「族」とよぶ）の数をもってタンパク質の実質的な種類の数が勘定できるというわけだ（グラフィックス参照）．ところが，タンパク質の進化の過程はなかなか複雑なため，そう簡単にはグループにまとまらない．ミオグロビンやヘモグロビンをふくむ「グロビンファミリー」のタンパク質は長さが 150 残基前後で，ほぼ全長にわたってアミノ酸残基の対応がつけられる．しかし，ほかのタンパク質では，その一部分が別のタンパク質の全長または一部分と対応するという例も多く知られている（グラフィックス参照）．

　なぜこのようなことが起こるのかを理解するには，分子進化の機構を理解する必要がある．進化の過程でタンパク質が変化するということは，そのアミノ酸配列が変化しているともいえる．その機構には，DNA の複製過程での誤りに起因する，本来とは別のアミノ酸残基への置換，もともとなかったアミノ酸残基の挿入，もともとあったアミノ酸残基の欠損などがある．さらに，染色体の組換えに伴う DNA 配列の大規模な変化に伴い，もともと２つのタンパク質だったものが融合してひとつになることもある．この場合，ひとつのタンパク質といっても２つが融合してまったく新しい立体構造が突如現れるわけではなく，もともとあった２つのタンパク質がつながったようなかたちになる．というのも，タンパク質の立体構造はフォールディング現象に見られるように協働的なふるまいを示すので，部分的に切ったり貼ったりして思いどおりの構造がつくれるわけではないからだ．染色体の組換えの結果，もともとあったタンパク質の配列が破壊され，もはや機能しなくなることもありうる．その場合は個体が生き残れなくなるので，結果としてそのような「壊れた」タンパク質は生きた生物には残らないと考えられる（自然選択）．ただし，遺伝子重複の結果，もともとひとつだった遺伝子のコピーが複数の遺伝子としてゲノムに書き込まれるような変化があった場合，そのうちひとつの機能が維持されれば，ほかのコピーが壊れても問題はない．実際，高等生物のゲノム配列には，こうした過去の遺伝子の残骸（擬似遺伝子）が多く見つかっている．もちろん壊れなくても問題なく，それぞれのコピーが独自の進化を遂げることで少しずつ異なる機能を獲得する場合もある（ヘモグロビンとミオグロビンはそうした例のひとつ）．

ドメインの種類を数える

　現存するタンパク質をそのまま丸ごとひとまとまりとして取り扱うのは適切でなく，大昔にひとまとまりだったと考えられる部分を切りだしてひとつの基本単位として扱うほうがよさそうだ．では，そのような「基本単位」とは何か？　ここで重要になるのがタンパク質の立体構造だ．タンパク質の立体構造の基本単位は「（構造）ドメイン」とよばれるまとまりである．ある大きなタンパク質からそれぞれのドメインを切りだしても，それらはそれぞれもとと同じ，特異な構造に折りたたまれるので，ドメインは基本単位といえる．また，進化の過程でアミノ酸配列が非常に大きく変わってしまっても，ドメインの立体構造はほとんど変わらない（進化的に保存されている）ことが知られている．

それではドメインの種類はどのくらいあるのだろうか？　タンパク質のドメインの分類データベースECOD（http://prodata.swmed.edu/ecod/）によると，進化的に独立した構造ドメインは約2200～3500種と見積もられている．

現在までに，ヒトをふくむ多くの生物種で，ゲノム中にコードされるタンパク質の7～8割程度は何らかの立体構造の情報が得られている．すべてのドメインの7割の立体構造が知られていて，その種類が2200個だと仮定し，すべてのドメインが一様に分布しているとすれば，ドメインの種類は全部で約3100（≒2200×100/70）となる．しかし，ドメインは一様には分布しておらず，比較的少数のドメインが非常に多くのタンパク質で見いだされている（図1）．そのため，構造がわかっていないタンパク質も，立体構造を解析すれば，すでによく知られた構造をもっている可能性が高い．実際近年では，まったく新しい構造ドメインが見つかる頻度は減り続けている．その一方で，非常に多くの種類のドメインはひとつないしは少数のタンパク質でしか見いだされないことも知られている．これは，網羅的に構造決定を続けていけば，ドメインの種類が（ゆっくりとではあるが）いくらでも増え続ける可能性を示唆している．

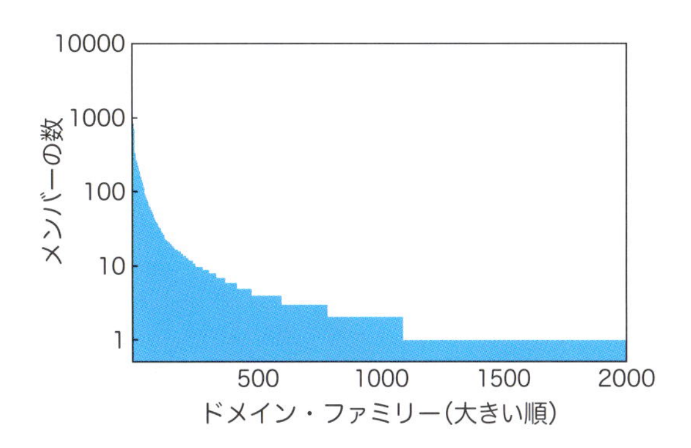

図1　構造ドメインの分布

ECODデータベースのX-groupの冗長性を除いた（F40）メンバーの統計．縦軸が対数スケールになっていることに注意．

結局，タンパク質の全種類をひとつの数字で表すのは実際上不可能で，「すべての構造ドメインのY%がX種類以下に収まる」というように，統計的に見積もるのが現実的だろう．そのための有力な理論はまだなさそうだが，Y≒70%，X≒2000～3500種類という数はそれほど的を外していないと考えられる．現在までにわかっているだけで約1億種類もあるタンパク質の大多数が，たかだか数千種類の構造ドメインの組合せでできていて，それらが数百万種におよぶ生物すべての生命活動の根幹をなしているという事実は，驚くべきことではないだろうか？

04 タンパク質ってどんなかたちをしているの？

タンパク質の大きさ

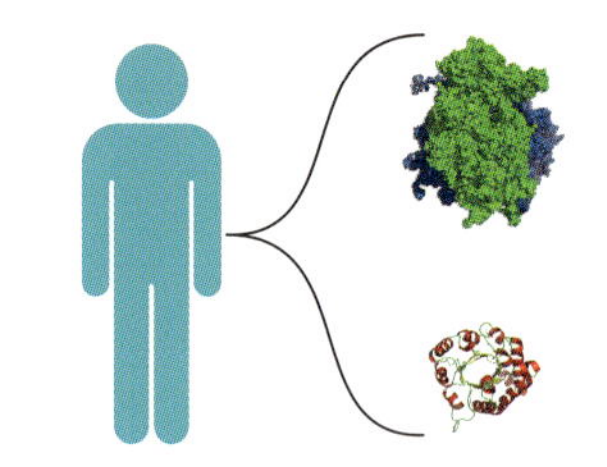

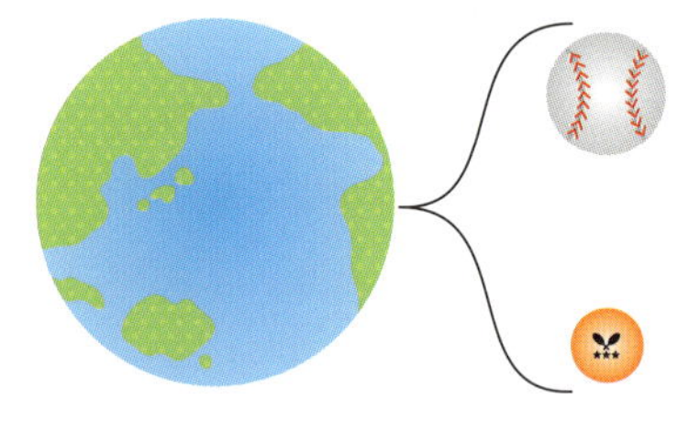

100～数1000のアミノ酸がつながったポリペプチド鎖からできていて，おおよそ数ナノメートル（nm，10^{-9}メートル，10億分の1メートル）ぐらいの大きさ

タンパク質の多くは自分自身で決まったかたちをとる

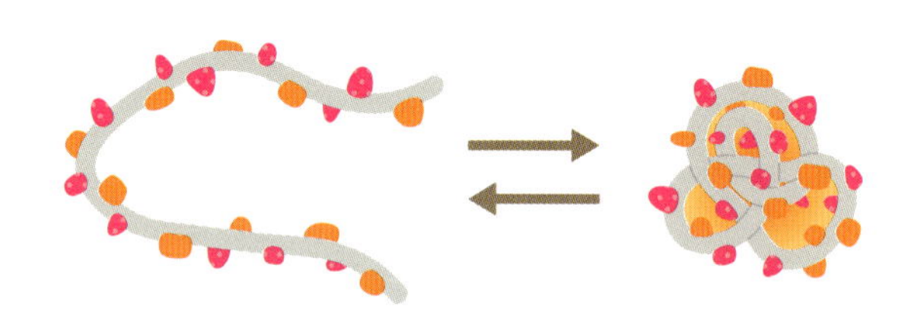

タンパク質のいろいろなかたちの例

すべてαタンパク質

αヘリックスのみからなる

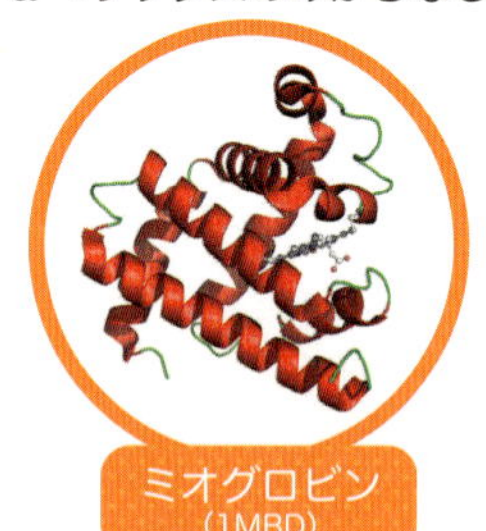

ミオグロビン
(1MBD)

すべてβタンパク質

βシートのみからなる

免疫グロブリン
(1BWW)

α/βタンパク質

αヘリックスとβシートが交互に繰り返される

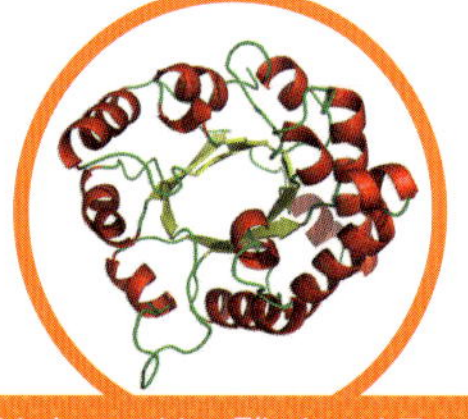

トリオースリン酸イソメラーゼ
(8TIM)

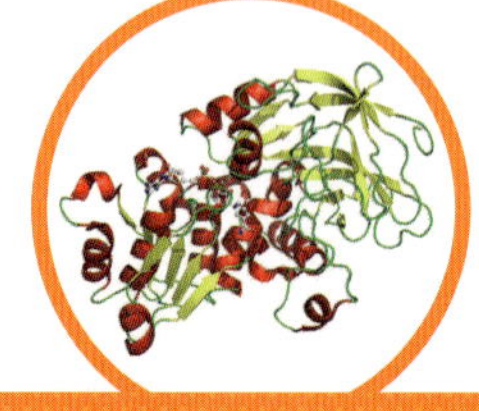

アルコールデヒドロゲナーゼ
(2JHF)

分子の左側にロスマンフォールドとよばれるα/β構造がみられる

α+βタンパク質

αヘリックスとβシートをふくむ

リゾチーム
(3LZT)

一般にタンパク質は，決まったかたちをとって身体のなかで働いている．一部のタンパク質では，普段はきちんとしたかたちをとらないでいて，ほかのタンパク質と結合するときに相手のかたちに合わせて自分自身のかたちを変えるものも知られているが，タンパク質は正しい構造をとらないと正しく働かなくなるので，生物は正しいかたちをとっていないものを分解して排除するしくみをもっている．また，このしくみを逃れて間違った構造をとることが原因と考えられている病気も知られている（20 章参照）．

タンパク質のかたちと大きさ

では，タンパク質はどれくらいの大きさで，どのようなかたちをしているのだろうか？　一般的なタンパク質は，数 10 個から数千個のアミノ酸がつながったポリペプチド鎖からできていて，およそ数ナノメートル（10^{-9} メートル．10 億分の 1 メートル）くらいの大きさだ．また，とくに高等生物では，複数のタンパク質が集まって大きな複合体をつくって働いているものも数多く知られている．数ナノメートルの大きさといってもピンとこないかもしれないが，人間の身長が地球の直径ぐらいだとすると，タンパク質の大きさはピンポン玉から野球のボールぐらいの大きさに相当する（グラフィックス参照）．ヒトの場合，体重の約 20％がタンパク質でできているといわれているが，わたしたちの身体のなかでは，こんな小さな分子が無数に集まって働いているのだ（3 章参照）．

ポリペプチド鎖はアミノ酸がつながったネックレスみたいなものといわれることがあるが，普通のネックレスが一定のかたちをとることができないのに対し，タンパク質はきちんとしたかたちをとることができるしくみを自身でもっており，多くの場合，ほかの助けを借りなくても正しい構造をとることができる（シャペロニンとよばれる分子の助けが必要な場合もある，グラフィックス参照）．

タンパク質をつくるポリペプチド鎖は，アミノ酸がペプチド結合でつながってできている（2 章参照）．鎖状の分子をつくる共有結合の原子間距離はほぼ一定だが，結合軸のまわりに回転することができる．しかし，これらの結合軸は自由に回転できるわけではなく，主鎖や側鎖の原子の立体障害によって，ある程度動きが制限されている．といっても，数多くのアミノ酸がつながってできたタンパク質の場合，理論的には無限の組合せをとりうるので，普通に考えると一定のかたちをとるのは不可能に思える．では，どのようなしくみで分子のかたちができているのだろうか．

タンパク質は安定な状態になりたがる

タンパク質分子が自然に折りたたまるということは，エネルギー的に安定な構造をとっていることを意味している．つまりタンパク質分子は，水素結合や静電的相互作用，疎水性相互作用，共有結合といったさまざまな安定になるための因子によって，トータルで最も安定な構造をとっているといえる．リボ

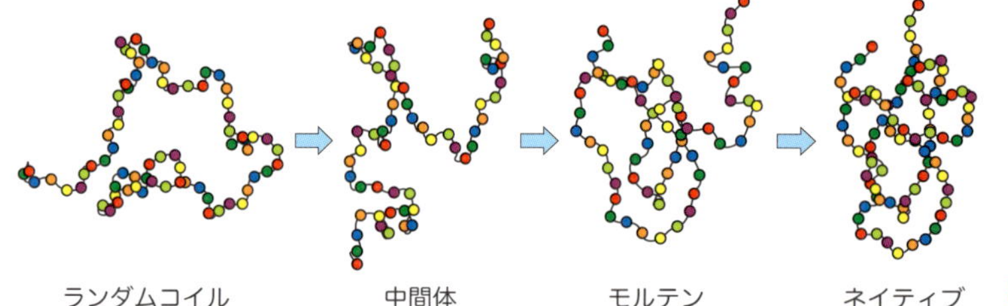

図1　タンパク質のフォールディング過程のようす

ソーム上で合成されてできたランダムコイル状態のポリペプチド鎖が正しい構造をとる過程は，単一の経路をたどるのではなくさまざまな中間状態を経ていると考えられている．タンパク質の立体構造をみると，多くの場合，αヘリックスやβシートなどの二次構造を基本単位として組み合わせ，そのあいだをループやターンでつないでいる．

タンパク質がかたちをつくる過程（折りたたみ，あるいはフォールディングともよばれる）では，最初に，すばやく，またほかの助けを借りずにモルテングロビュールとよばれる「部分的に構造を形成した中間状態」に移るといわれている．このモルテングロビュール状態では，数多くの二次構造が形成されていることがわかっている．つまり，タンパク質のかたちが形成される初期の段階では，水素結合を中心とした比較的近い距離の相互作用により，αヘリックスやβシートといった二次構造が形成される．モルテングロビュールの状態では，二次構造は維持されているものの，必ずしも正しい立体構造をとったあとと同じ二次構造ができているわけではない．タンパク質がかたちをつくる過程では，いろいろなかたちができたり壊れたりという過程を何度も繰り返しながら，数マイクロ秒から数10秒程度の時間をかけて，最終的にエネルギー的に安定な正しい構造がつくられると考えられている（図1）．

タンパク質の構造は多種多様だが，αヘリックスやβシートがどのように組み合わさっているかで分類されている．立体構造の分類にはいろいろあるが，代表的な例としては，ヘモグロビンのようにαヘリックスのみからなる「すべてαタンパク質」，免疫グロブリンのようにβシートのみからなる「すべてβタンパク質」，トリオースリン酸イソメラーゼや，

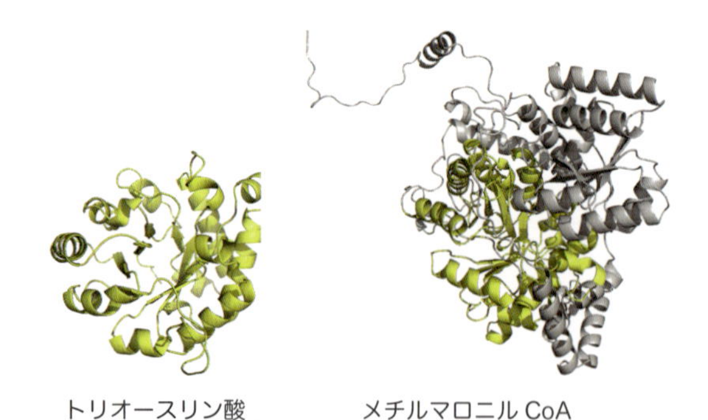

図2　共通の構造を使いながら，新しい機能をもったタンパク質がつくりだされた例

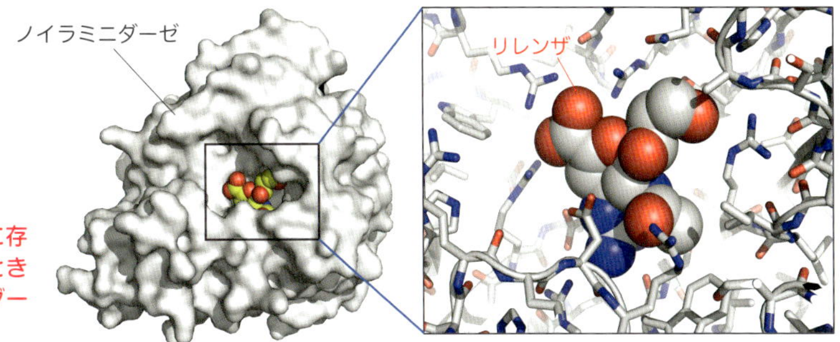

図3 インフルエンザウイルスの表面に存在し，宿主細胞から放出されるときに働くタンパク質（ノイラミニダーゼ）とリレンザとの複合体の構造

アルコールデヒドロゲナーゼなどにみられるαヘリックスとβシートが交互に繰り返される構造（α/βタンパク質），リゾチームのようにαヘリックスとβシートをふくむ構造（α+βタンパク質）などが知られている（グラフィックス参照）.

タンパク質の構造を分類していくと，おおよそ数万程度の基本構造にまとめられると考えられている．基本構造を組み合わせることで，新しい機能をもつようになったと考えられているタンパク質も数多く知られている（図2）.

薬を効率よく設計する

タンパク質のかたちを知ることは，効き目の高い薬を設計するための重要な情報ともなる．多くの薬は病気の原因となるタンパク質の働きを邪魔したり，特定のタンパク質の働きを助けたりすることで働いている．これまでは，自然界に存在する分子のなかでたまたま病気に効く分子を見つけたり（フレミングが青カビからペニシリンを見つけたというのは有名な話），これまでに知られている薬のなかから別の病気に効くものを探したり，あるいはそれらをもとに膨大な試行錯誤を繰り返しながら改良することでつくられていた．そのため，ひとつの薬をつくるのに，膨大な時間と人手が必要だった．そこで，最近では病気の原因となるタンパク質のかたちを手がかりに，そのかたちに合った薬を設計することで，より効き目が強く，副作用の少ない薬を合理的につくりだすことがおこなわれるようになってきた．インフルエンザの薬であるリレンザやタミフルは，インフルエンザウイルスが増えるときに働くタンパク質のかたちをもとに，その働きを効果的に邪魔するように設計してできた薬だ（図3）.

最初に書いたように，タンパク質分子は自然に折りたたまる，すなわちアミノ酸配列（一次構造）が決まれば立体構造も決まることになる．多くの研究者がアミノ酸配列から立体構造を予測する方法を研究しているが，残念ながらまだ一次構造から立体構造（かたち）を確実に予測することはできない．そのため，さまざまな原理に基づいてタンパク質の立体構造を決める手法が開発されている（5章参照）.

05 どうやってタンパク質のかたちを決めるの？

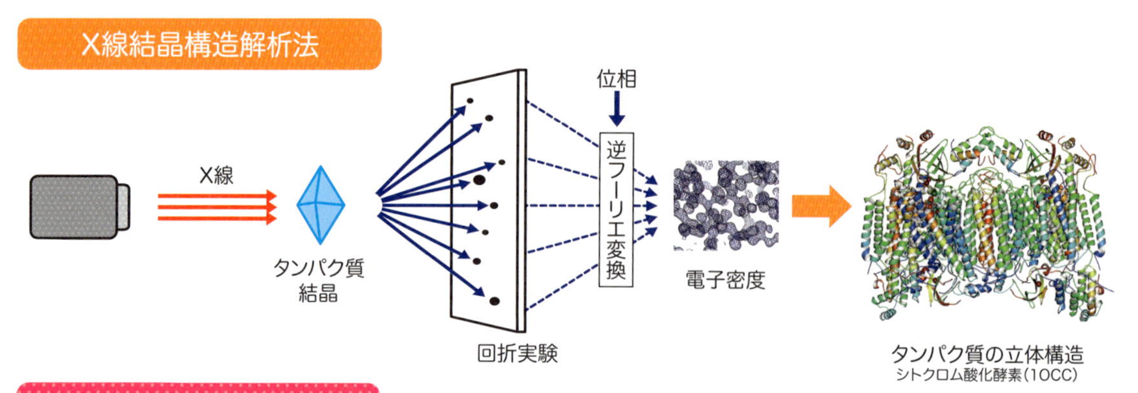

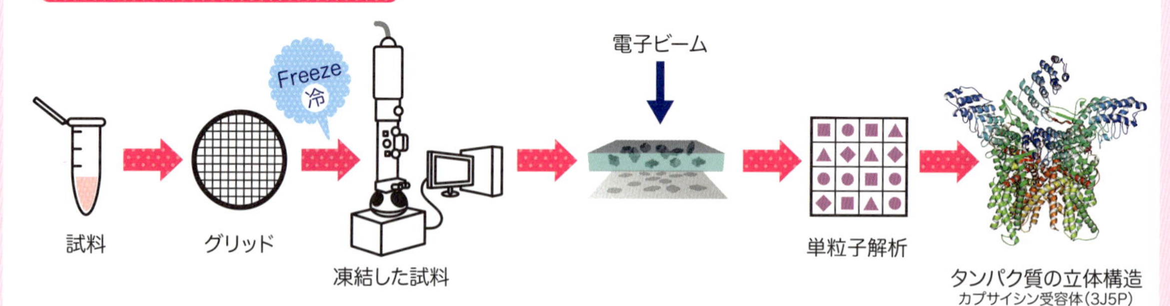

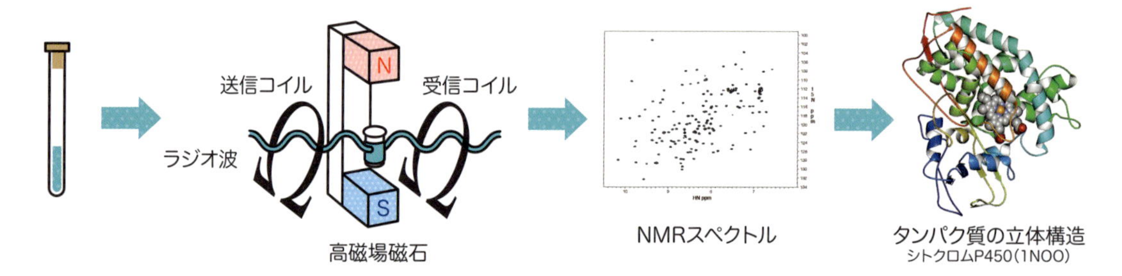

タンパク質のかたち，つまり立体構造を調べるには，いくつかの方法がある．ここでは，X線回折法，電子顕微鏡，核磁気共鳴法の3つを紹介し，それぞれの特徴を見てみることにしよう．

X線回折法の場合

通常の光学顕微鏡では，タンパク質のかたちを原子レベルでは決して見ることができない．これは，光学顕微鏡で利用する光（可視光）の波長（380～780ナノメートル）が原子間の距離（0.1ナノメートル）に比べて非常に長く，散乱する光によって像がぼけてしまうからだ．タンパク質のかたちを原子レベルで見るには，原子間距離に近い波長の光を利用する必要がある．この原子間距離に近い波長をもつ光がX線だ．ところが，X線は物質との相互作用が非常に弱く，ほとんどのものを透過してしまう．そのため集光レンズをつくるのはかなり厄介で，X線を利用した顕微鏡をつくるのは非常に難しい．一方，物質との相互作用はとても弱いが物質によって散乱したX線は干渉という現象を生じ，方向によって異なる強さを示す．もし物質が分子を三次元に規則正しく配列した結晶であれば，散乱X線は干渉によって，ある規則に従って特定の方向にだけ「斑点」としてでてくる．この現象を回折といい，回折光を記録した画像が回折像だ．回折像に記録されたどの斑点にも，物質の全部分からの散乱が混じっているので，斑点の位置やその強さはその物質の構造情報もふくんでいる．しかし，この「斑点」の模様はもとのかたちとはまったく異なるものだ．この回折像からもとのかたちを知りたいときには，レンズで集光すればいいが，X線を集光するレンズは存在しない．したがって，その代わりにレンズの集光を数学的計算（フーリエ変換）によっておこなえば，もとのかたちの情報を得ることができるというわけだ．

X線を利用した解析では，理論的には1個のタンパク質にX線をあてた場合に得られる散乱からその分子のかたちを得ることもできるが，X線と物質（正確には電子）との相互作用が非常に小さいので，いまのところ最も強力なX線源（X線自由電子レーザー）を利用しても1個のタンパク質からの回折強度は測定できない．ただし，均質かつ多数のタンパク質を用いれば，回折強度は測定できる．なかでも，均質なタンパク質の結晶を用いれば，特定の条件を満たす方向にのみ強い回折点が得られ，解像度が高く精度のいい回折強度測定が可能となる．この結晶を用いた方法がX線結晶解析だ．具体的には，結晶にX線をあて，結晶によって散乱した回折像を観測し，その位置や強さを測り，これら測定資料をもとにして，レンズに相当する計算から電子密度を求め，得られた電子密度にアミノ酸残基をあてはめていくことで，タンパク質のかたちを決めている．

X線結晶解析で得られるタンパク質のかたちは，X線のあたった領域にふくまれるタンパク質の平均的なものだ．これは仮に，かたちを知りたいタンパク質の大きさが4ナノメートル，その結晶の大きさが3辺すべて100マイクロメートル以上で，100

マイクロメートルの大きさのX線をあてた場合，X線があたっている領域には，1兆個以上の分子が存在することになるので，得られるかたちは1兆個以上の分子を平均したものとなる．つまりX線結晶解析は，一連の回折強度データで再現性のよいかたちが得られる方法であり，原子レベルで静的なタンパク質のかたちを決めるには，非常に強力なツールとなっている．

電子顕微鏡の場合

電子顕微鏡の画像は，理科の教科書やテレビにもよく登場する．電子顕微鏡は大きく2種類に分けられる．アリの頭や花粉の電顕像を見たことのある人も多いだろう．あれは走査型電子顕微鏡（SEM）というもので，おもに物質の表面をかんたんに見るための装置だ．一方，もっと小さなタンパク質などの分子の構造を可視化しようとすると，透過型電子顕微鏡（TEM）が必要になる．歴史的には，透過型電子顕微鏡のほうが先に発明された．読んで字のごとし，物質を透過した電子から画像を得る顕微鏡だ．そのため，物質の内部情報が得られる．顕微鏡だから，学校にある可視光を使った顕微鏡（光学顕微鏡）とよく似ている．光学顕微鏡も試料を透過した光を見ている．異なるのは，可視光の代わりに電子の波を，ガラスのレンズの代わりに電磁石を使う点だ．小さな波を使うほど，小さな構造の情報が得られる．電子は光よりずっと波長の短い波だ．実際に透過型電子顕微鏡で使われる電子の波は，緑色の光より15万～20数万分の1も小さい．でも，これまでは生体試料の原子をなかなか見ることができなかった．

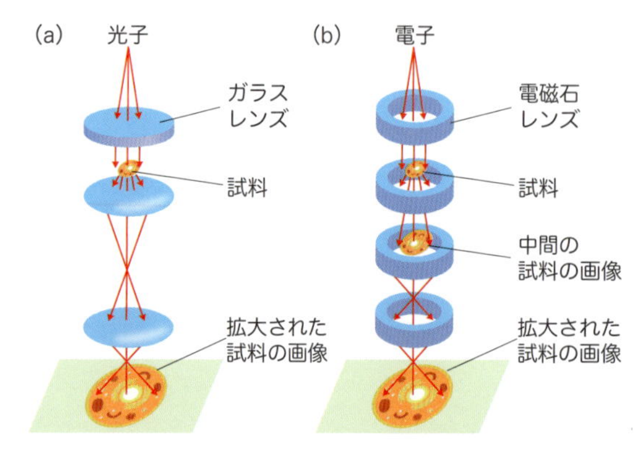

図1　光学顕微鏡（a）と電子顕微鏡（b）の違い

一般的な生体分子を観察できるようになったのは，つい最近，透過型電子顕微鏡の誕生から80年以上たった2013年くらいからだ．その基礎を築いたのが2017年のノーベル化学賞を受賞したジャック・ドゥボシェとヨアヒム・フランク，そしてリチャード・ヘンダーソンの3人だ．

これまで見えなかったのは，電子が生体試料を破壊してしまうことによる．小さな構造の情報を得るには，たくさんの電子を試料に照射しなければならない．ところが試料は電子によって簡単に破壊されてしまう．細かな構造が壊れないように照射する電子の量を抑えるとどうなるか．ノイズだらけのザラザラしたよくわからない画像が得られる．みなさんも学校の顕微鏡で，もっと拡大して小さい構造を見ようとしたら，どんどん目に映る画像が暗くなっていった経験があるだろう．しかし高性能のカメラが発明され，統計学を使ってノイズだらけの画像からアミノ酸の位置まで細かい構造情報を取りだせるようになってきたのだ．こうして，いまをときめく生体試料の構造を調べるツールとなったのである．

核磁気共鳴法の場合

もうひとつ，タンパク質の構造を調べる有力な方法として核磁気共鳴法（nuclear magnetic resonance；NMR）がある．この核磁気共鳴法は，その名とおり原子核の性質に注目した方法だ．タンパク質は有機分子なので，炭素や水素，窒素，酸素の原子がふくまれている．それぞれの原子の中心には原子核がある．この原子核にはスピンとよばれる棒磁石のような磁気的な性質をもつものがあり，この性質を観測するのがNMRだ．

静磁場のもとで，スピンは配列して直接観測できる大きな磁化という棒磁石になり，回転する．この回転周波数は，原子を構成し分子の構造を決めている「電子の状態」によって変化する．たとえば，一重結合と二重結合など化学結合の種類によって敏感に変わる．また，原子と原子の距離によっても，その周波数や磁化の大きさが変化する．つまり，原子核の磁化を観測すれば，原子間の相対的な位置関係，つまり分子構造がわかるのだ．核磁気共鳴装置では，この方法にもとづいて，タンパク質分子の構造を調べる．

この原子核の磁化の周波数と大きさを観測するために，まず磁場を発生する磁石のなかに試料を入れる．その試料に，核磁化の回転周波数と共鳴するように同じ周波数をもつ電磁波を照射し，その結果を受信する．この周波数は数百メガヘルツ（MHz）程度で，携帯電話やテレビで使われているラジオ波とよばれる電磁波だ．

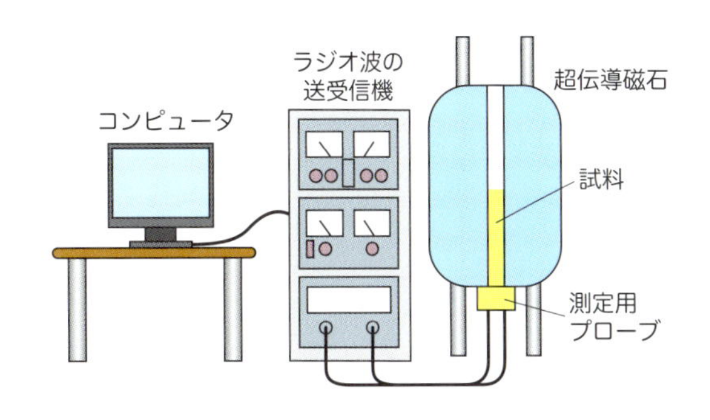

図2　NMR分光装置
強い静磁場のもとでNMR観測すると感度と分解能が上がるので，タンパク質解析用のNMRでは大型の超伝導磁石を用いている．

この核磁化の回転周波数や磁化の大きさは，その原子をふくむ近傍の部分分子構造によって決まる．つまり，1分子内だけの局所的な分子構造で得られるスペクトルのかたちがほぼ決まるわけだ．注目する分子周囲の状況に大きく依存しないため，溶液中や細胞のような分子間の複雑な環境でもタンパク質の構造が調べられる．また，用いるラジオ波は物質との相互作用が弱く，体内へも透過するため真空にする必要がない．このように，タンパク質が機能している溶液や細胞内環境でも構造を調べられることは，核磁気共鳴法の大きな利点だ．

❖ タンパク質ずかん❶ ノーベル賞にまつわるタンパク質（その1）❖

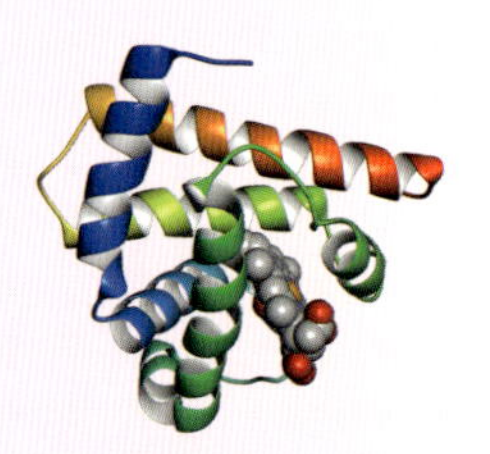
ミオグロビン（1MBN）
【1962年化学賞】
X線結晶構造解析による
最初の原子構造

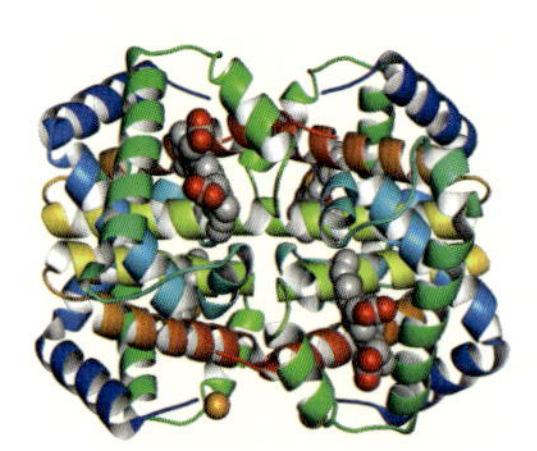
ヘモグロビン（2HHB）
【1962年化学賞】

リボヌクレアーゼ（5RSA）
【1972年化学賞】

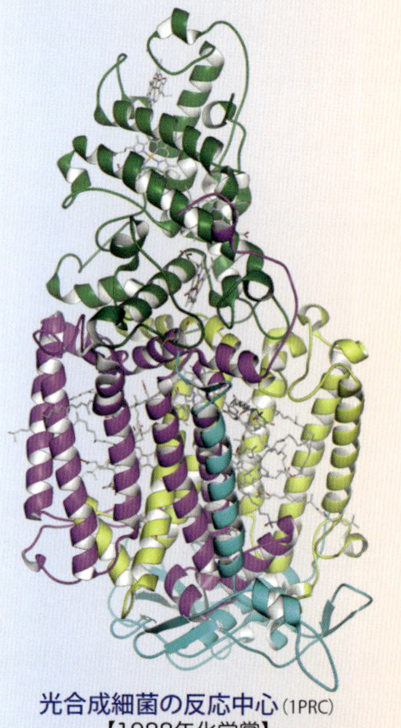
光合成細菌の反応中心（1PRC）
【1988年化学賞】
世界で最初の膜タンパク質の構造

タンパク質分解酵素
阻害剤 IIA（1BUS）
【2002年化学賞】
NMRによる最初の原子構造

カリウムチャネル（1K4C）
【2003年化学賞】

ユビキチン（1UBQ）
【2004年化学賞】

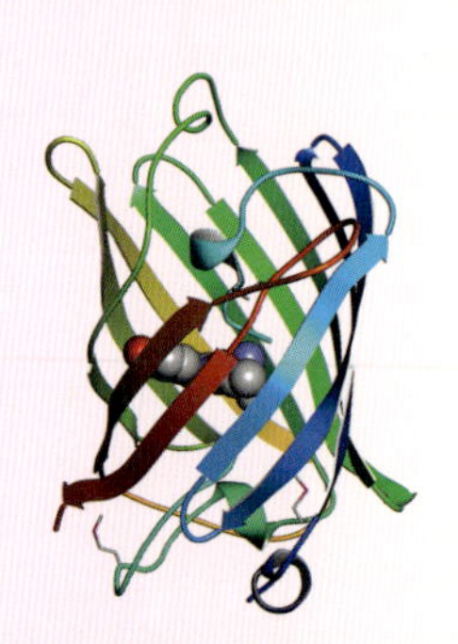
緑色蛍光タンパク質（GFP）
（1EMA）
【2008年化学賞】

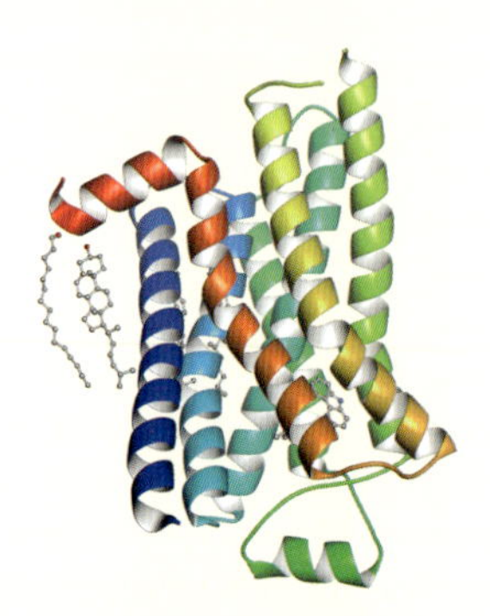
β2アドレナリン受容体（2RH1）
【2012年化学賞】

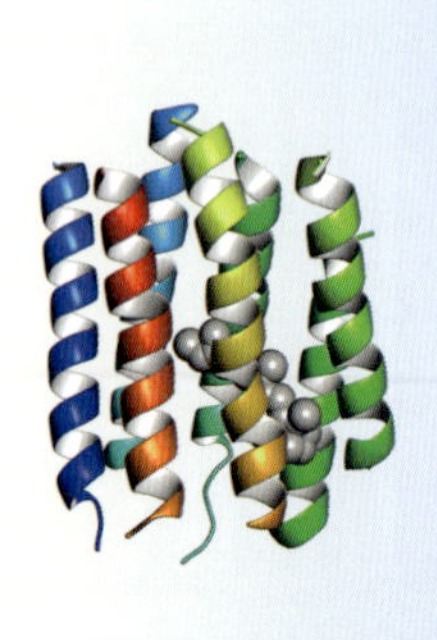
バクテリオロドプシン（1BRD）
【2017年化学賞】
電子顕微鏡による最初の原子構造

PD-1－PD-L1 複合体（3BIK）
【2018年生理学・医学賞】

PART 2
タンパク質と細胞

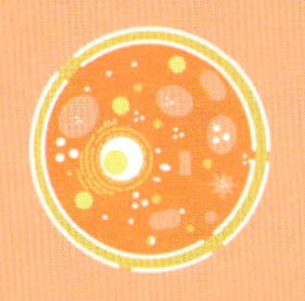

06 どうして心臓は動き続けるの？

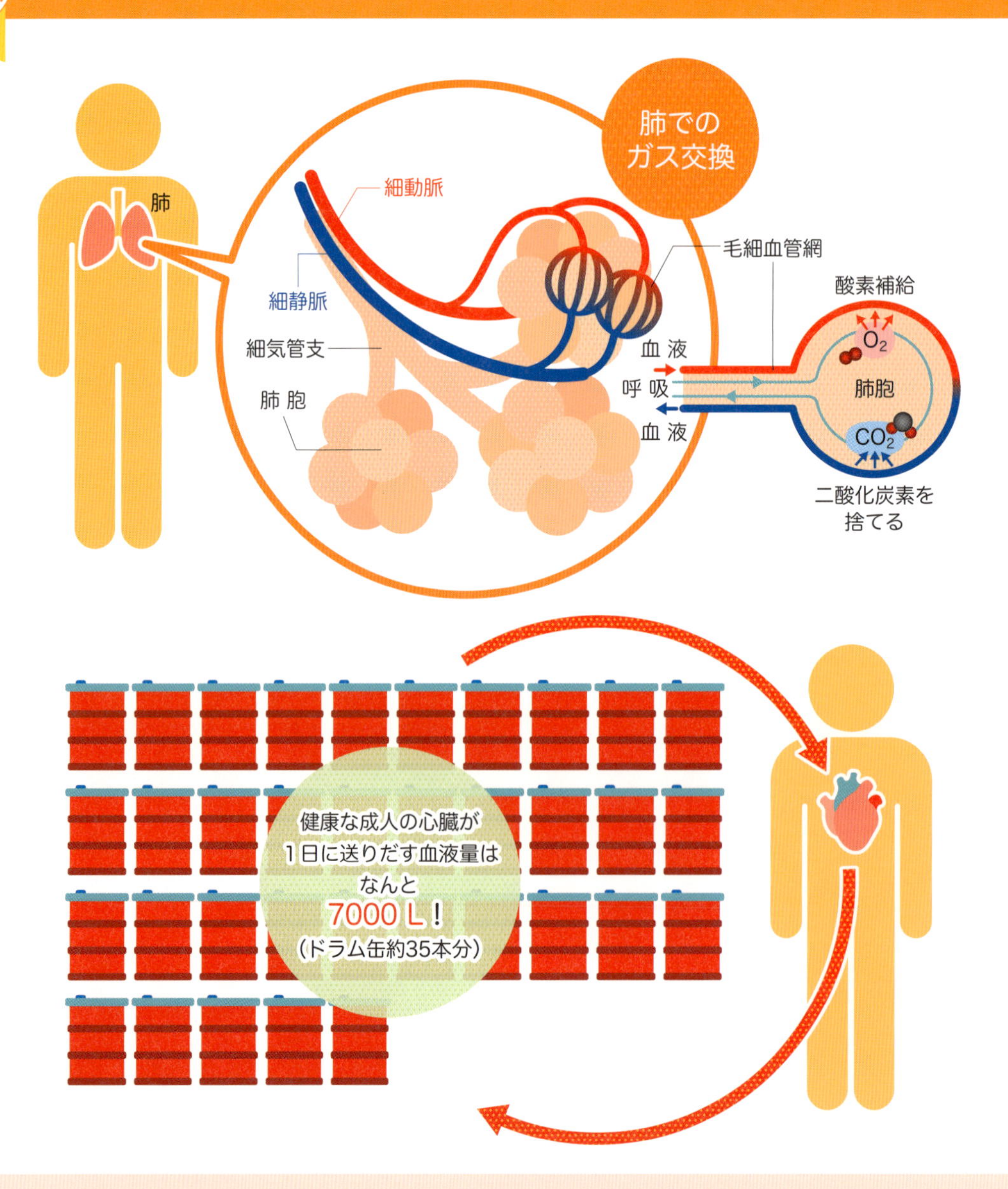

わたしたち人間にとって，呼吸は生きていくうえで欠かすことのできない活動のひとつだ．呼吸によって肺のなかの肺胞へと取り込まれた酸素は，肺胞を取り囲む毛細血管を通して，血液中に拡散する．酸素は，赤血球のなかにある酸素運搬タンパク質，ヘモグロビンと結合して全身の組織へと，くまなく運ばれていく．この血液循環において，重要な役割を果たしているのが心臓だ．心臓は，1 分間に約 70 回のペースで収縮と弛緩を繰り返し，ポンプ作用により血液を全身へと送りだしている．健康な成人の場合，1 回の心拍で約 70 ミリリットルの血液を送りだすといわれているので，1 日に心臓によって送りだされる血液量は約 7000 リットル（ドラム缶約 35 本分）という想像を絶する数字となる．このような偉業をわたしたちの心臓は毎日，いとも簡単におこなっているわけだ．このためのエネルギーは，いったいどこから来るのだろうか？

細胞でエネルギーはどう生みだされるか

心臓のポンプ作用において重要な役割を担っているのは，心臓の筋肉，すなわち心筋だ．心筋を構成する心筋細胞のなかには，エネルギーの生産工場であるミトコンドリアが多くふくまれており，ミトコンドリアによってつくりだされるアデノシン三リン酸（ATP）が心筋を動かすエネルギー源になっている（図 1 a）．ミトコンドリアは真核生物の細胞内小器官として知られ，脳や筋肉，肝臓や心臓など，エネルギーをたくさん必要とする臓器の細胞に，とくに

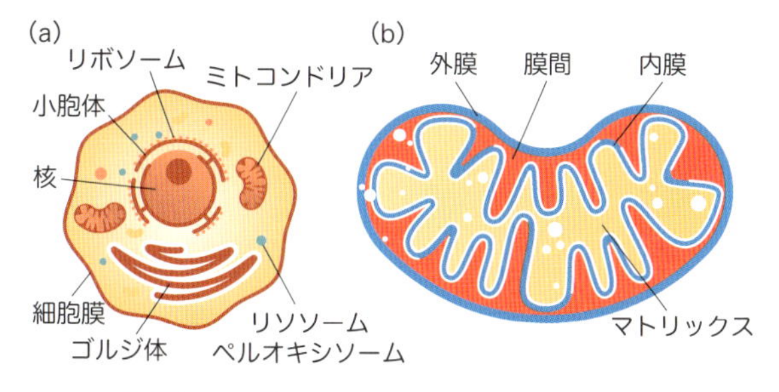

図 1　真核細胞の基本的な構成（a），細胞内小器官のひとつミトコンドリアの模式図(b)

多く存在している．外形は球状，チューブ状などさまざまなかたちがあり，外膜と内膜という 2 枚の脂質膜に囲まれており，内膜の内側にはマトリックス，外側には膜間とよばれる空間がある(図 1 b)．ミトコンドリア内膜には，呼吸鎖(電子伝達系)複合体とよばれる巨大な膜タンパク質複合体（複合体 I から IV)が 4 つ存在し，これらが内膜内側(マトリックス)の水素イオンを外側(膜間)にくみだすことで，マトリックスと膜間のあいだに水素イオン濃度の差をつくりだす（図 2）．これが，同じくミトコンドリア内膜に存在する ATP 合成酵素（複合体 V）による生体エネルギー(ATP)を生みだす駆動力となる．

わたしたちが食事から摂った炭水化物などの糖質は，分解されてグルコースとして血中をめぐり，細胞に届けられる．グルコースが細胞質に運ばれると，まず解糖系とよばれる代謝経路で 1 分子のグルコースから 2 分子のピルビン酸がつくられる（図 3 a）．この経路では酸素はいっさい使われず，嫌気的な条件下で反応が進み，2 分子の ATP が消費され，4 分

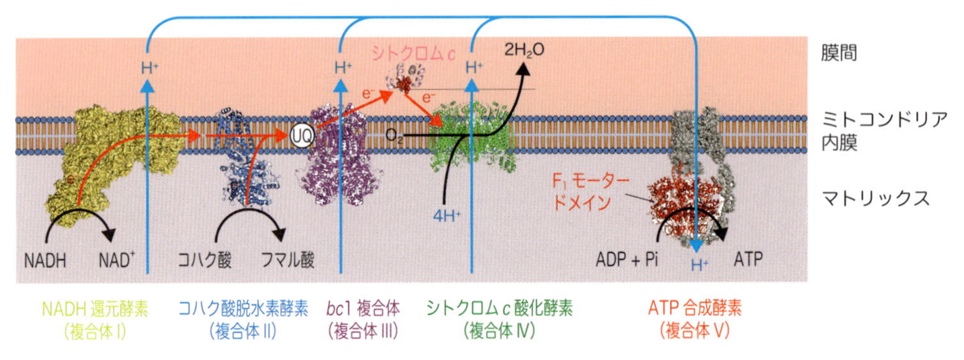

図 2　ミトコンドリア内膜上に存在する呼吸鎖(電子伝達複合体)の概略図
真核生物由来の複合体のうち原子分解能(3.0 オングストローム分解能以上)で構造決定されているもののみ，リボン図で表している.

子の ATP が生成されるので最終的に 2 分子の ATP が得られる．解糖系で得られたピルビン酸はピルビン酸脱水素酵素による触媒を受けてアセチル CoA となり，TCA サイクルへと受け渡される（図 3 b）．この一連の流れのなかで 10 分子の NADH と 2 分子の $FADH_2$ が得られ，これらがミトコンドリアの呼吸鎖に必要なユビキノン(UQ)の還元に用いられる．

まず，複合体 I（NADH 脱水素酵素）は，TCA サイクルや解糖系で得られた NADH により，ユビキノンを還元する反応を触媒する（図 2）．次に，TCA サイクルの構成要素でもある複合体 II（コハク酸脱水素酵素）は，コハク酸によりユビキノンを還元する．複合体 III（シトクロム *bc*1 複合体）では，複合体 I および II で生成された還元型ユビキノンから受け取った電子を電子伝達タンパク質であるシトクロム *c* へと受け渡す．複合体 IV（シトクロム *c* 酸化酵素）は呼吸鎖の末端にあり，シトクロム *c* から電子を受け取って，分子状酸素を 4 電子還元して水に変換し，それと共役してミトコンドリア内膜を介した水素イオンの能動輸送をおこなっている．こうしてできた，マトリックスと膜間の水素イオン濃度の差を駆動力として，ATP 合成酵素のモータードメインが回転し，効率よく ATP がつくられていく．

こうした呼吸鎖複合体と ATP 合成酵素の連携による生体エネルギーの産出のしくみは，よくダムを使った水力発電にたとえられる．水力発電では，ダムのような高い位置に水を貯めておき，それを低いところへ落としたときに生じる位置エネルギーでタービンを回して電気エネルギーを生みだしている．ミトコンドリア内では，水素イオンが水で，マトリックスと膜間の水素イオン濃度の差がダムの高低差に相当する．すなわち，高い位置にあるダム（膜間）に蓄えられた水（水素イオン）が，ATP 合成酵素を通して一気に低い位置（マトリックス）に流れ込むこと

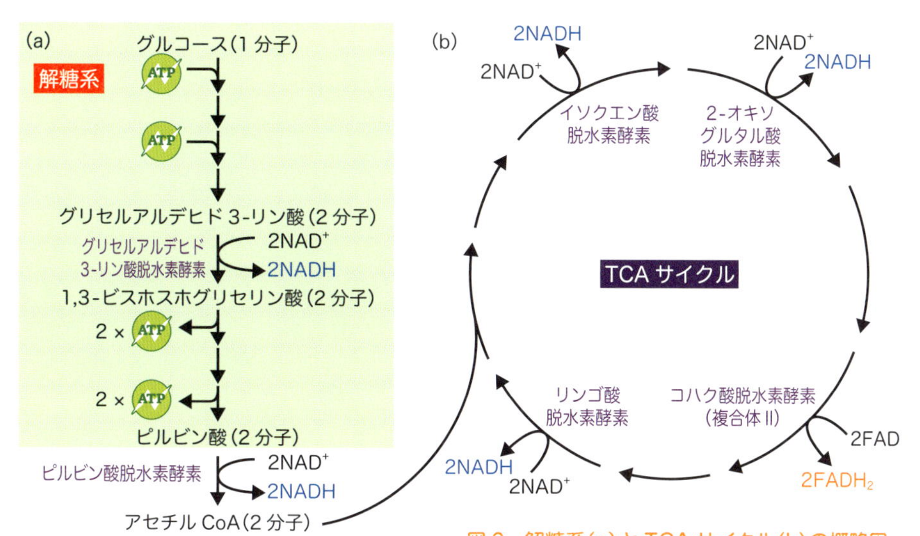

図 3　解糖系(a)と TCA サイクル(b)の概略図

で，タービン(ATP 合成酵素の F_1 モータードメイン)を回し，ATP が次つぎと合成されていく．生体内では水素イオン濃度の勾配でできたエネルギー差を利用して，生命活動に必要なエネルギー ATP を合成しているのだ．解糖系では，1 分子のグルコースからたった 2 分子の ATP しか得られないが，ミトコンドリア内膜では解糖系と TCA サイクルで得られた NADH を利用し，呼吸鎖複合体が連携することによって約 30 分子という大量の ATP が合成される．これが，心筋を動かす大きなエネルギー源となる．

ATP 合成酵素の解明に挑む

このような複雑な反応機構は，複数のタンパク質で構成される膜タンパク質複合体(呼吸鎖複合体)がミトコンドリア内膜に集まり，巧妙に連携することで達成されている．13 個のサブユニットで構成されるシトクロム *c* 酸化酵素がマトリックスから膜間へと水素イオンをくみだすメカニズムについては，古くから分光学的研究による機能解明が進んでいた．これに加え，1996 年以降，X 線結晶構造解析により，さまざまな条件下でこの酵素の全体構造が明らかにされてきたため，原子レベルで説明ができるようになってきた．

一方，ATP 合成酵素については，現在のところ，F_1 モータードメインがどうして回転するのかなど，詳細なメカニズムはわかっていない．しかし今後，X 線結晶構造解析や電子顕微鏡による単粒子解析によって，ATP 合成酵素の全体構造が原子レベルで明らかになれば，その解明が一気に進むだろう．

葉緑体があれば，動物細胞も光合成できるの？

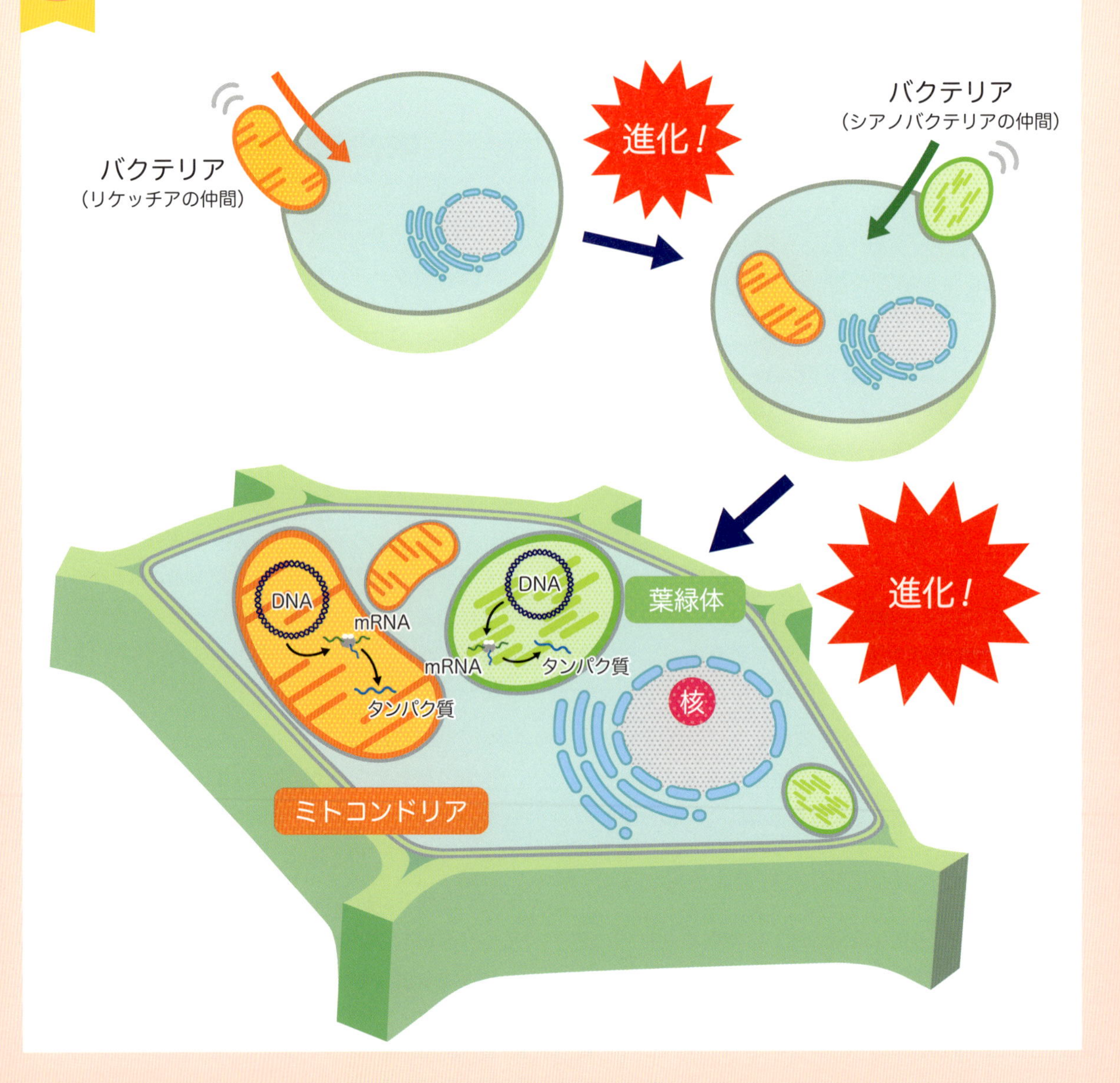

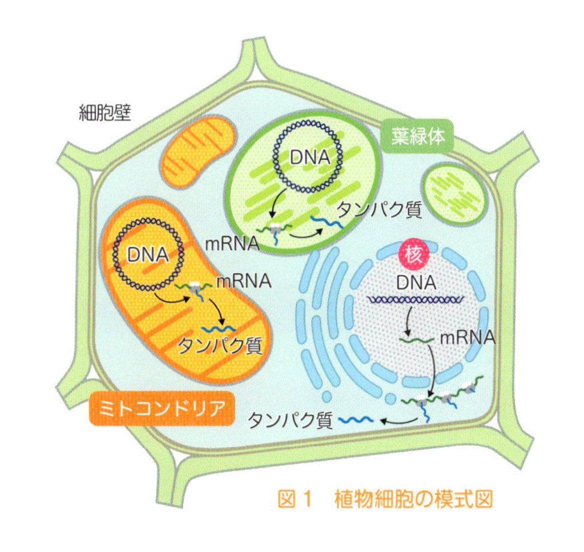

図1　植物細胞の模式図

光合成は小学校の理科で最初に習う化学反応のひとつで,「葉に光があたり, デンプンがつくられる反応」と習うだろう. この反応は生物の教科書にあるとおり, 次の化学反応式で記述することができる.

光合成　$6\,CO_2 + 12H_2O \rightarrow C_6H_{12}O_6 + 6O_2 + 6H_2O$

しかし, ここで動物がおこなう呼吸反応を同じように化学反応式で書いてみると, 光合成とまったく逆の反応が進行していることに気づく.

呼吸　$C_6H_{12}O_6 + 6O_2 + 6H_2O \rightarrow 6\,CO_2 + 12H_2O$

地球上の酸素の濃度は約21%で一定のため, 動物と植物とはうまくバランスをとりながら暮らしていることがわかるわけだ.

この2つの異なる化学反応をおこなうために, 植物と動物はまったく異なる進化を遂げてきた. 光合成は植物がもつ葉緑体でおこなわれている. 葉緑体は二重の膜構造をもつ細胞内小器官で, 大昔に光合成をおこなうシアノバクテリアの祖先を取り込んで進化したと考えられている. ここでは,「わたしたち動物も葉緑体があれば, 光合成できるのだろうか？」という視点で, 光合成のしくみについて見ていこう.

謎の共生生物ハテナ

真核生物がほかの光合成生物を取り込むことを「共生」という. 葉緑体は小器官なので核をもたないが, 葉緑体にもDNAが存在し, 光合成反応に必要なタンパク質のいくつかは, 葉緑体DNAにコードされている. 大昔に共生したため, 光合成に必要な遺伝子の一部はすでに核ゲノムへ移行して, いまとなっては葉緑体だけで生きていくことはできない. しかし, 葉緑体DNAの情報を解析すると, 現存のシアノバクテリアのゲノム情報と類縁関係があり, 同じ祖先をもつことが明らかとなっている(図1).

葉緑体がどう共生されてきたかがわかれば, わたしたち動物も光合成できるかもしれない. 実は2006年に, 共生の過程を考えるうえでたいへん興味深い生き物が発見された.「ハテナ」というこの微生物は, 鞭毛を使って動き回る鞭毛虫だ. 藻類が共生しているため, 緑色をしている. 面白いのは, 細胞分裂するときに共生体は分裂した娘細胞のうちひとつにだけ受け継がれ, もうひとつの細胞は捕食性の娘細胞として藻類を取り込む能力を発達させるのだ. 通常の真核性の藻類は, 細胞分裂の前に葉緑体

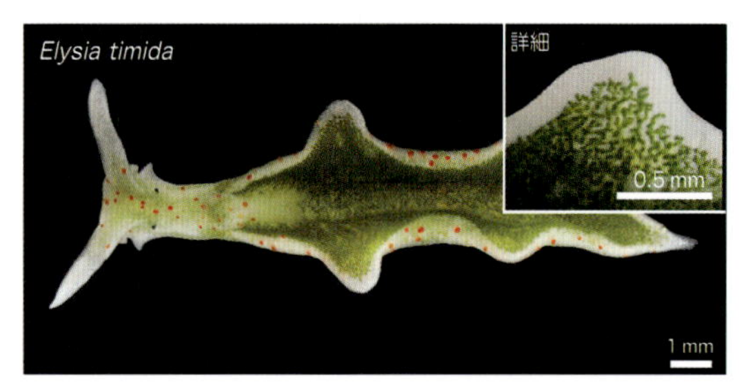

図２　嚢舌目ウミウシ *Elysia timida* の写真（左）と側足の拡大写真（右）
ドイツ・デュッセルドルフ大学の Sven Gould 博士のご厚意による．

が分裂し，分裂した葉緑体がひとつずつ娘細胞へ分配される．したがって，この「ハテナ」という鞭毛虫は細胞と葉緑体の分裂が同調する前の共生初期の状態を残した生き物だろうと考えられている．

葉緑体をもつ動物

それでは，わたしたちヒトをふくむ動物で葉緑体をもってエコに暮らす生き物はいるのだろうか？　実は，いるのだ！　ウミウシ（海牛）とよばれる貝殻を失った巻き貝の仲間のうち，嚢舌目（じょうぜつもく）とよばれる一群は，えさとして摂取した藻類から葉緑体だけを消化せずに細胞内に取り込むことが古くから知られていた．この現象は，「盗葉緑体」現象とよばれており，この種のウミウシは動物なのに（盗んできた）葉緑体をもつので，緑色をしている（図２）．

光合成の研究者のなかでは比較的有名な話だ．なかには１年近くもの長期間にわたり葉緑体を保持し続ける種がいて，盗んだ葉緑体が実際に光合成反応をおこなうので，光合成の研究者も驚いている生き物だ．

専門家ですら驚く理由を細かく見ていこう．まず，ウミウシは本当にエコに生活しているのかという点だ．つまり「実際に光合成で得た糖分（エネルギー）をウミウシが使っているのか？」という疑問がある．光合成でエネルギーを得ているのであれば，飢餓状態にしても長生きできるはずだ．そういった視点から，さまざまな実験がなされてきたが，ウミウシは種類が多いうえに，もともと飢餓に強い生き物のため，いまも専門家のあいだで議論が続いている．

次に，なぜ盗んだ葉緑体を長いあいだ維持し続けられるのかという疑問だ．実は冒頭で述べた光合成反応は，1）光エネルギーを化学エネルギーに変換する反応（光合成電子伝達と光リン酸化反応）と，2）できた化学エネルギーを使って二酸化炭素を固定する反応（炭酸固定反応），に大別される．光エネルギーを使う反応は光化学反応とよばれ，次の式で記述される．

$$2H_2O \rightarrow 4H^+ + 4e^- + O_2$$

この反応をおこなっているのは，光化学系Ⅱ複合体とよばれる非常に大きな膜タンパク質複合体だ．水分子を酸化して得られた４つの水素イオンと電子は，シトクロム b_6f 複合体と光化学系Ⅰ複合体，それに ATP 合成酵素を介して，最終的に NADPH と ATP を合成するのに利用される（図 3）．

この光化学反応で問題になるのが，分子状酸素が大量に生成するため，酸素ラジカルなどの活性酸素

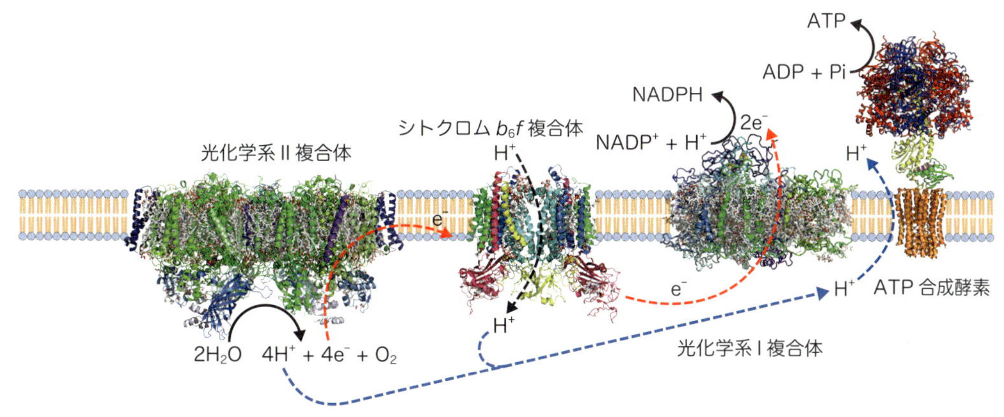

図 3　光合成電子伝達鎖を構成するタンパク質の分子構造

種が生じやすく，とくに光化学系 II 複合体の D1 とよばれるタンパク質が痛みやすいことだ．したがって，この D1 というタンパク質の代謝スピードは非常に早く，次つぎに新品の D1 タンパク質と交換される必要がある．このタンパク質の交換反応に必須のタンパク質は葉緑体 DNA ではなく，核 DNA にコードされていることがわかっている．そのため，専門家は「なぜウミウシが長い期間にわたって光合成をしながら，同じ葉緑体を維持し続けられるのか？」をとても不思議に思っているわけだ．盗んだ葉緑体の寿命が長い理由は，いまも専門家の課題としてさかんに研究されている．

葉緑体があればエコに暮らせるか？

本章のタイトルである「わたしたち動物も葉緑体があれば光合成できるのだろうか？」という疑問に対しては，答えは YES だろう．しかし，「エコに生活できるか？」と問われれば，答えは「？」となってしまう．冒頭の化学式を酸素の生成と消費の視点で，簡単な計算をしてみよう．

成人は 1 日に約 500 リットルの酸素を呼吸しているといわれている．発生する二酸化炭素の量は呼吸で消費する酸素とほぼ等量の約 500 リットルと見なそう．光合成は植物の種類，季節，天気などに左右されるため，正確な数字を示すことは難しいが，約 1 平方メートルの葉が 1 日に約 10 リットルの二酸化炭素を固定し，ほぼ等量の酸素が発生すると概算できる．身長 160 センチメートル，体重 50 キログラムの成人の体表面積が約 1.5 平方メートルなので，全身が葉でおおわれていたとしても，約 15 リットル分しか光合成できず，3%程度しかエコに生活できないことになる．ハテナやウミウシの研究が進めば，より厳密な計算ができるようになるかもしれない．今後の研究の進展に期待してほしい．

08 iPS細胞はオールマイティーなの？

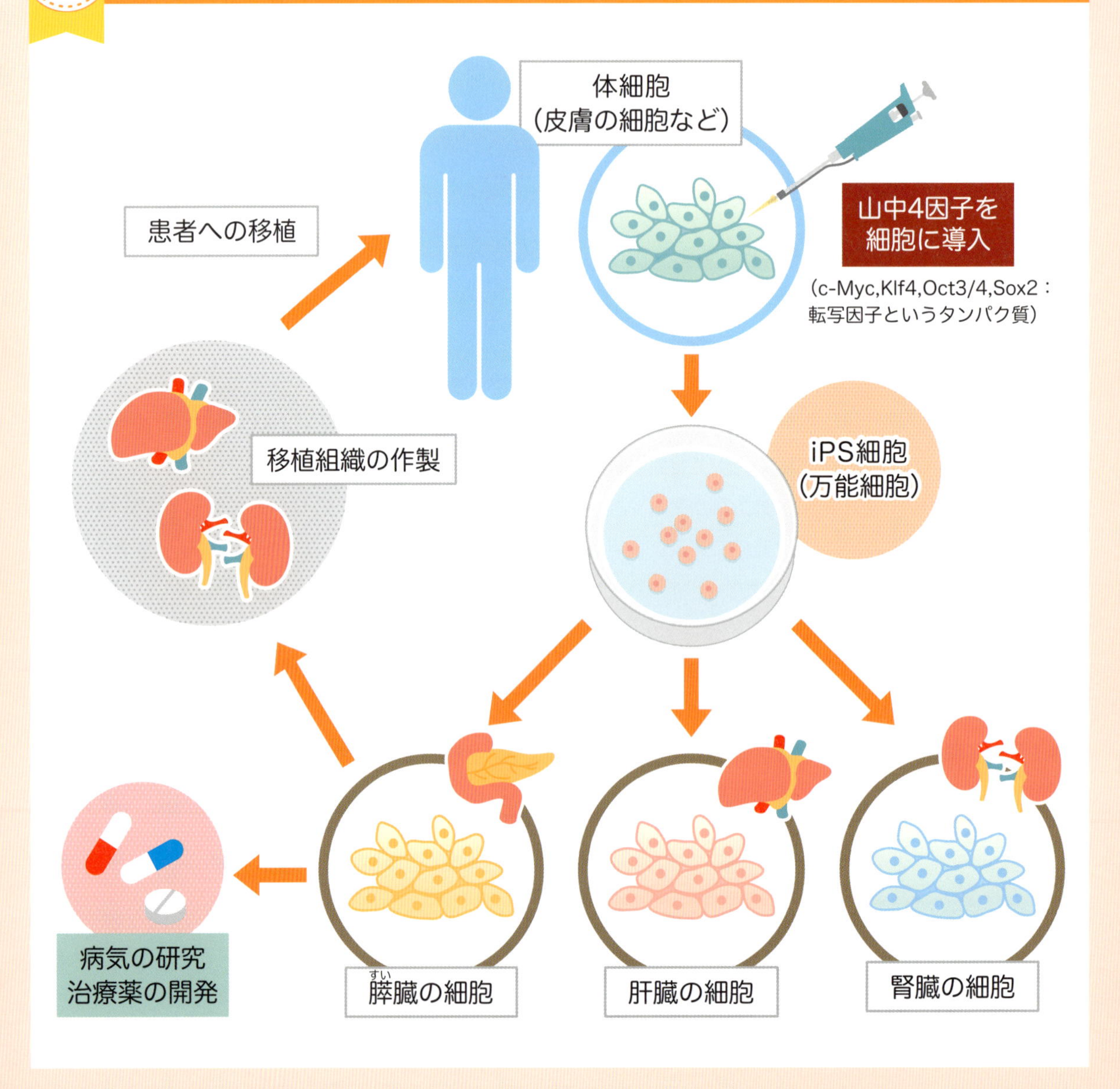

iPS細胞といえば，山中伸弥博士が2012年のノーベル生理学・医学賞を受賞したことで一躍有名になったが，まずは，その内容を確認しておこう．iPSとは人工多能性幹細胞（inducible pluripotent stem cell）の略で，体のどんな細胞にでも変化できる「万能細胞」だ．“iPS”の1文字目を小文字にしたのは科学的なルールではなく，発見当時，爆発的な人気を博した音楽プレーヤーiPod（アップル社）の“i”をもじったとのこと，発見者の遊び心を感じる．

iPS細胞が活躍しそうなジャンルとして，まず再生・移植医療がある．たとえば，iPS細胞を腎臓の細胞に変化させ，腎臓病の患者に移植すれば，腎臓病を治療できることになる（グラフィックス参照）．腎臓だけでなく，眼や脳，肝臓，心臓，血液など，どんな細胞にでも変化できるのだから，これはすごい！

iPS細胞はどう使われているのか

それでは，実際に皮膚の細胞からiPS細胞をどうやってつくるのだろうか？　ここで本書のテーマの「タンパク質」が重要になってくる．皮膚の細胞ももとをたどれば，母親の卵子と父親の精子が受精してできた受精卵（これが究極の万能細胞）が分裂して母親の胎内で育ってきた細胞だ．からだの成長にともなって1個の受精卵から37兆2000億個，種類にして約200種類の体細胞がつくられる（図1）．つまり，皮膚の細胞ももとは万能細胞からできているのだ．

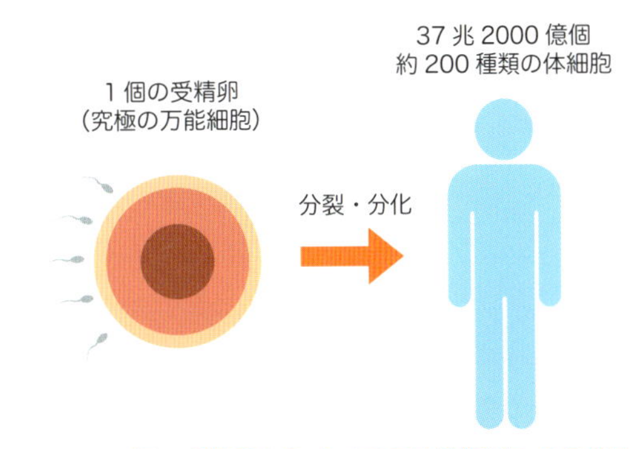

図1　1個の受精卵からすべての体細胞がつくられる

皮膚の細胞を先祖返りさせて万能細胞をつくるには，皮膚の細胞を何らかの方法でリセットしてやればよい．ところが，ほ乳類の細胞でそんなことが可能だとは，当時の科学者は予想すらしていなかった．山中博士は皮膚細胞にc-Myc，Klf4，Oct3/4，Sox2という4つのタンパク質（山中4因子）を強制的に発現させることで，皮膚細胞を万能細胞にリセットすることに成功した．これら4つのタンパク質はすべて転写因子とよばれる種類のもので，遺伝子のスイッチをON・OFFする働きがある．この4因子を皮膚細胞に入れることで，皮膚で働く遺伝子のスイッチがOFFとなり，眠っていた万能細胞で働く遺伝子がONになる．こうすることで，皮膚細胞が万能細胞にリセットされるのだ．

こうしてできあがったiPS細胞を特殊な条件で培養すると，万能細胞のままほぼ無限に増殖できるようになる．iPS細胞の培養法も重要で，近年ラミニン511E8とよばれるマトリックスタンパク質の断片を使って培養すると，長期間万能性を保ったまま増殖させられるとわかり，広く使われている．

iPS 細胞のもうひとつのすばらしいところは，自身の細胞から万能細胞をつくるので，この細胞から臓器をつくって移植した場合に免疫拒絶の起こる心配がないことだ．一般に，他人の臓器を患者に移植しようとすると，患者の身体の免疫細胞が移植された臓器を敵とみなして攻撃してしまう．この免疫拒絶のために，現在の技術では移植した臓器を長期にわたって生着させることは難しい．しかし，iPS 細胞は患者本人の身体の一部からつくるので，そこからできた臓器であれば，免疫拒絶の心配はなく移植できる．その患者にだけフィットするいわば“オーダーメイドの臓器”をつくることができるわけだ．例として，大阪大学のグループは iPS 細胞から心臓の筋肉に分化させて「心筋シート」をつくり，心疾患の患者に移植する治療を目指して研究を進めている．

iPS 細胞の活躍が期待されているのは，臓器移植ばかりではない．新しい薬を創る創薬分野でも，iPS 細胞のもつ特性が活かせる．病気の患者からつくった iPS 細胞から「病気の細胞」を再現し，病気が発症するしくみを研究して創薬に活かす試みが，さまざまな疾患に対しておこなわれている．iPS 細胞が登場する以前は，実験に使うための病気の細胞をヒトから得るのが非常に難しく，その性質を調べたり治療候補薬をしぼり込むのは困難だった．ところが，iPS 細胞を使えば病気の細胞を大量に準備することが可能となる．これまでは，マウスなどの実験動物や動物由来細胞による実験に頼るしかなかったが，ヒトとマウスでは細胞や組織の性質が違うこともしばしばあり，薬の開発にとって大きな問題となっていた．iPS 細胞を使った創薬研究の一例としては，京都大学のグループが進行性骨化性線維異形成症（FOP）という難病の患者の細胞から得た iPS 細胞から病気の筋肉細胞を誘導し，この組織に効果的な薬を探しだした．同じような方法により，さまざまな疾患に対する治療薬の開発が進むだろう．

iPS 細胞の弱点

ここまで iPS 細胞の「万能っぷり」を見てきたが，本当にオールマイティーなのだろうか？　研究が進むにつれて，iPS 細胞には弱点があることもわかってきた．心配されている問題のひとつは，がん化のリスクだ．iPS 細胞は万能細胞ゆえにがん細胞にも変化できるのだ．せっかく iPS 細胞から臓器をつくって移植して本来の疾患が改善されたとしても，その移植ががんの原因となるリスクが高くなれば，用途は限られてくる．

がん化のリスクを回避するためにさまざまな方法が試されている．そのひとつは，iPS 細胞をつくるとき，山中 4 因子の導入にウイルスの代わりにプラスミド DNA を使うことで遺伝子に傷がつきにくい方法をとり，がん化を回避しようというものだ．また山中 4 因子のひとつ c-Myc は，がんの原因となる遺伝子としても有名だが，この遺伝子を使わない iPS 細胞の作製方法も試みられている．がん化のリスクのない移植組織の作製法が確立されることで，

iPS 細胞を使った移植医療の進展を期待したい．

もうひとつの弱点は，複雑な臓器をつくるのが難しいということだ．皮膚や血球といったシンプルな構造の組織は iPS 細胞からつくりやすいが，腎臓や肝臓，膵臓，脳，網膜など，何種類もの細胞が精密に並んで構成されている組織をつくるのは，かなり難しい．この問題を克服するために，いくつかの方法が試されている．ひとつは，iPS 細胞から，いくつかの種類の細胞を別べつにつくったあと，混ぜ合わせて試験管のなかで臓器をつくってしまう方法だ．最近，肝臓の組織でこの方法が成功し，病気のマウスを治療したという研究が発表された．この研究では，ヒト iPS 細胞から肝臓に存在する 3 種類の細胞（肝臓系前駆細胞，血管系前駆細胞，間葉系前駆細胞）を別べつに誘導し，それらを一定の比率で混ぜ合わせ最適化したマイクロプレートのうえで培養することで 0.1 ミリメートル程度の大きさの「ミニ肝臓」を大量につくった．このミニ肝臓を肝不全のマウスに移植したところ病状が回復したため，このミニ肝臓は肝臓組織としてちゃんと機能していることがわかったというわけだ．実際の患者へ移植するには，量の問題や長期的な安定性および安全性の確立などの問題をクリアーする必要があるが，これらの研究は着実に進歩している．

もうひとつの方法は，マウスや豚など動物にヒト iPS 細胞を注入して動物のなかで臓器をつくり，それを患者に移植する方法だ．最近，この方法を目指した研究で大きなブレイクスルーが報告された．マウス iPS 細胞を使ってラットの体のなかでマウスの膵臓をつくり，これを糖尿病のマウスに移植すると病態が改善したという研究だ．ポイントはあらかじめ遺伝子操作で膵臓ができないようにしたラットの受精卵にマウスの iPS 細胞を注入すると，ラットのからだは自身の細胞では膵臓をつくれないので，代わりにマウス iPS 細胞を使って膵臓をつくるようになる（胚盤胞補完法）．将来は，この方法を応用して膵臓ができないようにしたブタやサルなど大型の動物の受精卵にヒト iPS 細胞を注入し，ブタやサルの体内でヒトの膵臓をつくりだすことを目指している（図 2）．

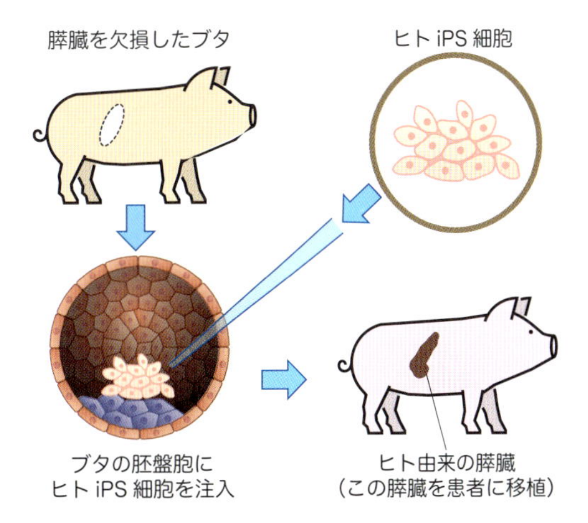

図 2　胚盤胞補完法でヒト由来臓器をつくる

このように，現在はまだ「万能」とはいえない部分もある iPS 細胞だが，研究の進展により近い将来に問題を克服すべく，世界中の研究者たちが挑戦を続けている．

09 ゲノム編集とは？

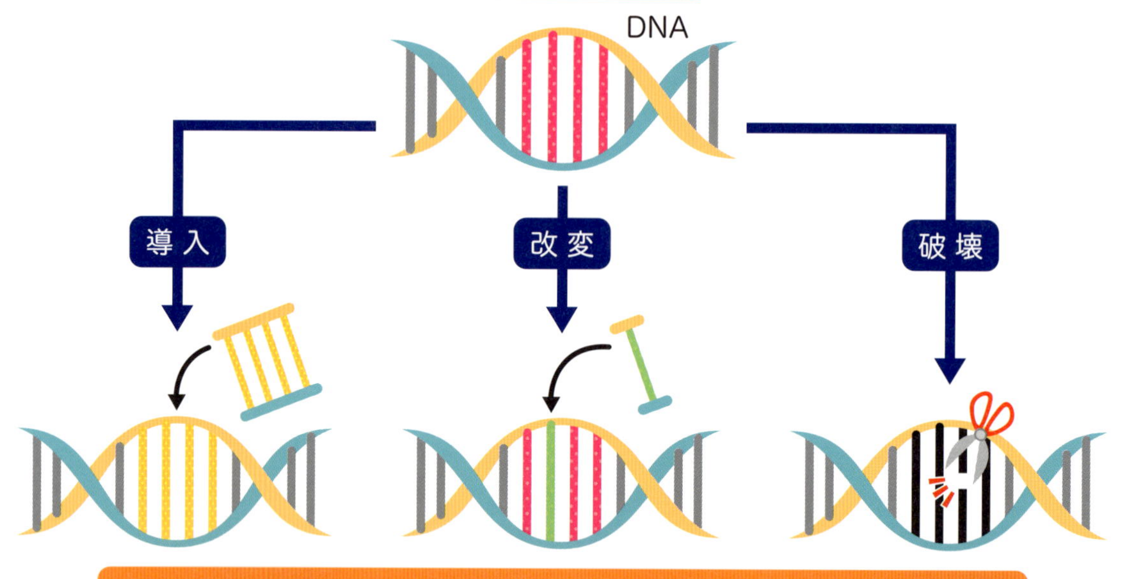

応用例

畜産物・水産物

赤身たっぷりな筋肉の
たくさんついたウシ
（ベルジャンブルー）

肉付きがよく
早く成長する養殖魚
（フグ）

医薬品開発・医療への応用

病気をもつモデル動物

遺伝子治療

最近，ゲノム編集という言葉を巷でよく聞く．夢の技術のように語られることが多いかもしれない．ゲノム編集とは，どういう技術なのだろう？　そして，その可能性は？　また，どういったリスクがあるのだろうか？

ゲノム編集とは？

ゲノム編集を理解するには，まずは「ゲノム」という言葉を理解することからはじめよう．ゲノムとは，それぞれの生物がもつ遺伝情報（生命の設計図，レシピ）のことをさす．生き物の遺伝情報の実態は遺伝子，そして遺伝子をつくりあげているのがDNAというわけだ（生き物の核内のDNAは，遺伝子以外の情報も存在するため，それをふくめてゲノムとよぶ）．つまり，ゲノム編集は，遺伝子の編集，あるいはDNAの編集と同義になる．生き物の設計図を編集するのだから，生き物の姿，かたち，場合によっては，その能力さえ変えることができる技術といえる．ゲノム編集には遺伝子の配列を導入したり，改変したり，あるいは破壊したりする技術がある（グラフィックス参照）．

有名な例をあげてみよう．ベルジャンブルーというウシの品種ご存知だろうか？（グラフィックス参照）．このウシはわたしたちに馴染みのあるホルスタインなどの乳牛と違い，筋骨隆々の身体をもっている．この身体をつくるために，特別な筋肉トレーニングは必要ない．ほかのウシと同じように育てられても，このウシは自然にこうした体つきになる．生まれつき筋骨隆々になる生命の設計図，つまり遺伝子をもっているというわけだ（実際は筋骨隆々になる遺伝子をもっているのではなく，筋肉をつくる量を適度に調整するブレーキ役の遺伝子が壊れているため，このような体つきになる）．

ベルジャンブルーは畜産家が育種や品種改良のなかで長い年月をかけ，偶然見つけたウシの種類だ．遺伝子の変化は生物のなかで，長い時間を経てゆっくりと起こり，姿かたちの変化として現れる．もし自然のなかで起こる遺伝子の変化を人間の手で自由自在にできるようになったら，つまり，ほかの生き物でも筋骨隆々にできるようになったら，すごいことだ．それを可能にする技術が，ゲノム編集なのだ．

実際，筋骨隆々の魚（グラフィックス参照）やブタがつくられたというニュースを聞いたことはないだろうか？　それでは，どうやって筋骨隆々の生き物をつくるかのだろうか？

ゲノム編集で遺伝子を操作するのに必要なものは2つある．ひとつは操作したい遺伝子．つまり，筋骨隆々の生き物をつくりたいなら，筋肉をつくる量を適度に調整するブレーキ役の遺伝子の情報（DNAのGATCの文字列情報）がいる．もうひとつは，ゲノム編集の根幹となるCRISPR/Cas9という道具だ．操作は簡単で，自分が操作したい遺伝子/DNAに切れ目を入れるだけ．この切れ目をDNA切断という．生き物のなかでDNA切断が起こると，この切断を修復するように働く（修復することができないと細胞は死んでしまう）．ただ，不思議なことに修復の方法が正確なわけではなく，切断した箇所を少し削り，切断されたDNAをつなぎ合わせて修復する．このいい加減な修復方法ゆえに，切断点の遺伝情報が失われてしまうため，遺伝子は機能しなくなる．つまり，思いのままに遺伝子に切れ目を入れるハサミさえ手にできれば，簡単に目的の遺伝子を壊した細胞をつくることができるわけだ．

ハサミを使って遺伝子を切断，破壊して，生き物の性質を変えるという技術は古くから存在した．しかし，どんなによくても数%程度と，効率よくDNAを切断する技術がなかったのだ．生き物の細胞のなかには同じ遺伝子が2つ存在するので，その2つを同時に破壊しないと性質を変えることはできない．つまり，2つを同時に破壊する確率は非常に低く，非現実的だとわかるだろう．さらに生き物の設計図である遺伝子の数はヒトなら約23,000個もある．そのなかで特定の遺伝子をひとつ見つけるのは，非常に難しいのだ（小さな砂場に埋もれた小さな貝殻を見つけるのに等しい）．

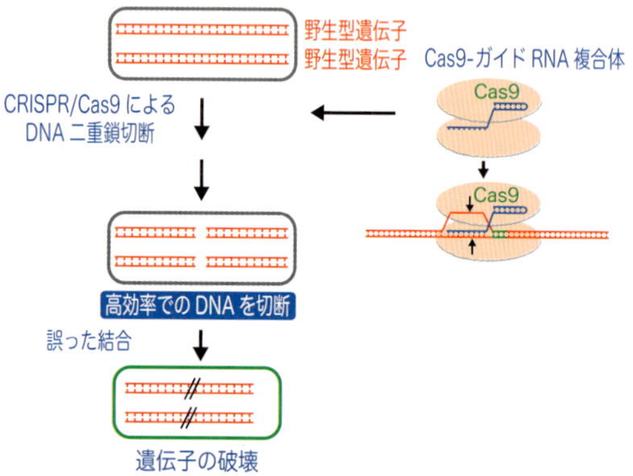

その問題を克服したのが，CRISPR/Cas9というハサミだ．このハサミは2つの部分からできている．DNAを切断するハサミがCas9という酵素，つまりタンパク質で，もうひとつは特定の遺伝子の目印となるガイドRNA（CRISPRに相当）という核酸だ．RNAはDNAと同じように，DNAと相補的な結合をすることが知られている．このガイドRNAの塩基の情報を用いて，Cas9は同じ配列をもつゲノムDNAを探してきて，その配列DNAを切断する（図1）．このガイドDNAの配列は20塩基あれば十分だ．CRISPR/Cas9によるDNAの切断を修復するのは，細胞の機能に任せることになる．

先に述べたように，細胞のDNAの切れ目の修復方法はいい加減だ．したがって，切断を入れると，その遺伝子が破壊されることになる．CRISPR/Cas9がすごいのは，その切断効率だ．CRISPR/Cas9は細胞内に入ると50～100%の効率で，目的の遺伝子のDNAを切断する．つまりCRISPR/Cas9を導入すれば，細胞内の目的の遺伝子を2つ同時に高効率で壊すことができるわけだ(図1)．

話を元に戻そう．筋骨隆々の生き物をつくるためには，筋肉をつくる量を適度に調整するブレーキ役の遺伝子をデータベースから探せばよい．幸い，生き物は共通した遺伝子やタンパク質を進化しつつ共有しているため，ある生き物で特定の働きをもつ遺伝子が見つかれば，同じ機能をもつ遺伝子は配列情

図1　ゲノム編集のしくみ

報が似ているため，ほかの生物でも簡単に見つかる．しがたって，ベルジャンブルーを筋骨隆々にした遺伝子，つまり筋肉をつくる量を適度に調整するブレーキ役の遺伝子（ミオスタチンとよばれる）を，たとえばメダカで探していく．こうして見つけたメダカにおけるDNAの配列情報から，その遺伝子と同じ20塩基対をもつRNA（ガイドRNA）を合成する．あとは，このRNAをCas9タンパク質と混ぜて，細胞に導入すれば，高頻度でミオスタチン遺伝子が壊れた細胞ができあがる．

もちろん，細胞内で目的の遺伝子を改変できても，生き物そのものの変化にはつながらない．ただし，受精卵という細胞を使ってゲノム編集を実行すれば，話は別だ．実際に，Cas9タンパク質とガイドRNAを受精卵に導入すると，受精卵のなかで遺伝子を破壊することができる．そのような受精卵が個体になると，その個体にある細胞はすべて破壊された遺伝子をもつこと，つまり，その遺伝子がない性質がからだ全体で現れることになる．先に示したように，メダカのミオスタチン遺伝子に対して，このようなゲノム編集を受精卵でおこなうと，効率よく筋肉質のメダカができるというわけだ．

CRISPR/Cas9のすごさは，この操作が動物はもとより植物や細菌など，あらゆる生物に応用できる点にある．つまりヒトでも可能というわけだ．また，このような操作は，生き物のすべての遺伝子についておこなうことができ，その効率のよさから，実現可能な夢のある技術として注目され，急速に普及している．そのインパクトは基礎生物学の進展に大きく貢献するだけでなく，農業や医療などにも汎用性が高いといえよう．

ゲノム編集で何ができて，何ができないの？

ゲノム編集は夢の技術として脚光を浴び，この技術を使えば自由自在に生き物の性質を変えることができると，理解して人がいるかもしれない．確かに大きな可能性を生みだす技術であるのは間違いないだろう．しかし技術ゆえに限界があり，技術の使い手の人間の考えに影響されるのも事実だ．そこで，ゲノム編集でできること（できないこと）について少し考えてみよう．

ゲノム編集をおこなうためには，標的としている遺伝子の性質がわかっていることが大切になる．その遺伝子のゲノム編集操作をしたときに，生物にどのような変化が起こるかがある程度予測できないと，実行することは現実的ではないだろう．また，ほかの生物で見られた効果が別の生物で同じように起こるかどうかは，やってみないとわからないのが現実だ．さきほどのメダカの例で，実際にミオスタチン遺伝子を破壊したときに，どのくらい筋肉隆々になるかはわからない．最悪の場合は，筋肉ができすぎて，副作用がでることすらあるかもしれない．

ゲノム編集という用語ゆえ，自在に遺伝子を編集できると思われがちだ．遺伝情報の書き換え（置き換え）も可能だが，効率が悪く実用的ではない（将来的にこの技術が改善される可能性は大きいが）．つまり現段階でゲノム編集は，遺伝子を破壊して生き物の機能を変えようとすることに限定されているといってよい．遺伝子を破壊することは，つまりその遺伝子を働かないようにすることだから，遺伝子をなくすことで，たとえば生き物の機能が向上（？）するとなると，だいぶ限定されると思わないだろうか？

遺伝子を破壊する技術として一番期待されるのは，病気の原因となる悪い遺伝子に作用させることだ．たとえばウイルスのなかには，わたしたちのゲノムのなかに入り込んでしまうものがいる．代表的なのが HIV，エイズウイルスだ．こうしたウイルスを破壊することは，ゲノム編集を用いれば容易だ．ほかにも，がんを積極的に起こす「がん遺伝子」を破壊することも可能かもしれない．

CRISPR/Cas9 は人間が創りだしたものではない．もともとは多くの細菌がもつ外敵と戦う防御機構，つまり免疫の鍵となるのが CRISPR/Cas9 で，それを科学者が使いやすいように改良したものなのだ．

ゲノム編集を利用する場合，受精卵での操作が基本になるので，ヒトなどでの応用を考えたときに倫理的な問題があるのはいうまでもない．ゲノム編集という新しい技術をヒトにどう適応するかは，科学者だけでなく，みなさんとも合意（コンセンサス）を得ていく必要があるだろう．そのためにも，ゲノム編集をふくめた遺伝子への理解は欠かせないといえる．

遺伝子組換えと何が違う？

ゲノム編集は夢の技術といわれているが，「遺伝子組換え」技術と何が違うのだろうか？　近い将来，前述した肉質の多い魚が市場に出回るときがくるかもしれない．そのとき，パッケージにゲノム編集でつくられた食品であるというラベルが貼られていたら，わたしたちはどう感じるだろうか？

遺伝子を操作するという点では，ゲノム編集も遺伝子組換えと変わりない．遺伝子組換えの場合は，その生き物が本来もっていなかった遺伝子をあたえることで，作製された生き物になる．たとえば，「害虫に強い」「除草剤に強い」大豆やトウモロコシのような作物は，細菌由来の外来遺伝子を植物に導入している．したがって，自然界ではほぼつくりえない生き物，まさに人間の手を介在してはじめてできた生き物といえよう．

一方，ゲノム編集の操作自体は，外来の遺伝子を導入するといった大きな変化ではないため，生き物のなかの遺伝子の変化はほんのわずかになる．その変化は自然界や生き物の長い歴史のなかでは，起こりうる変化を導入しているにすぎない．ただし，自然界に存在しない生き物をつくる，生き物に新しい性質をあたえる技術であることには間違いないので，そのことを念頭に置いて，技術の適応，応用範囲を議論する必要があるといえるだろう．

PART 3

タンパク質とからだ

10 どうやって栄養素を吸収しているの？

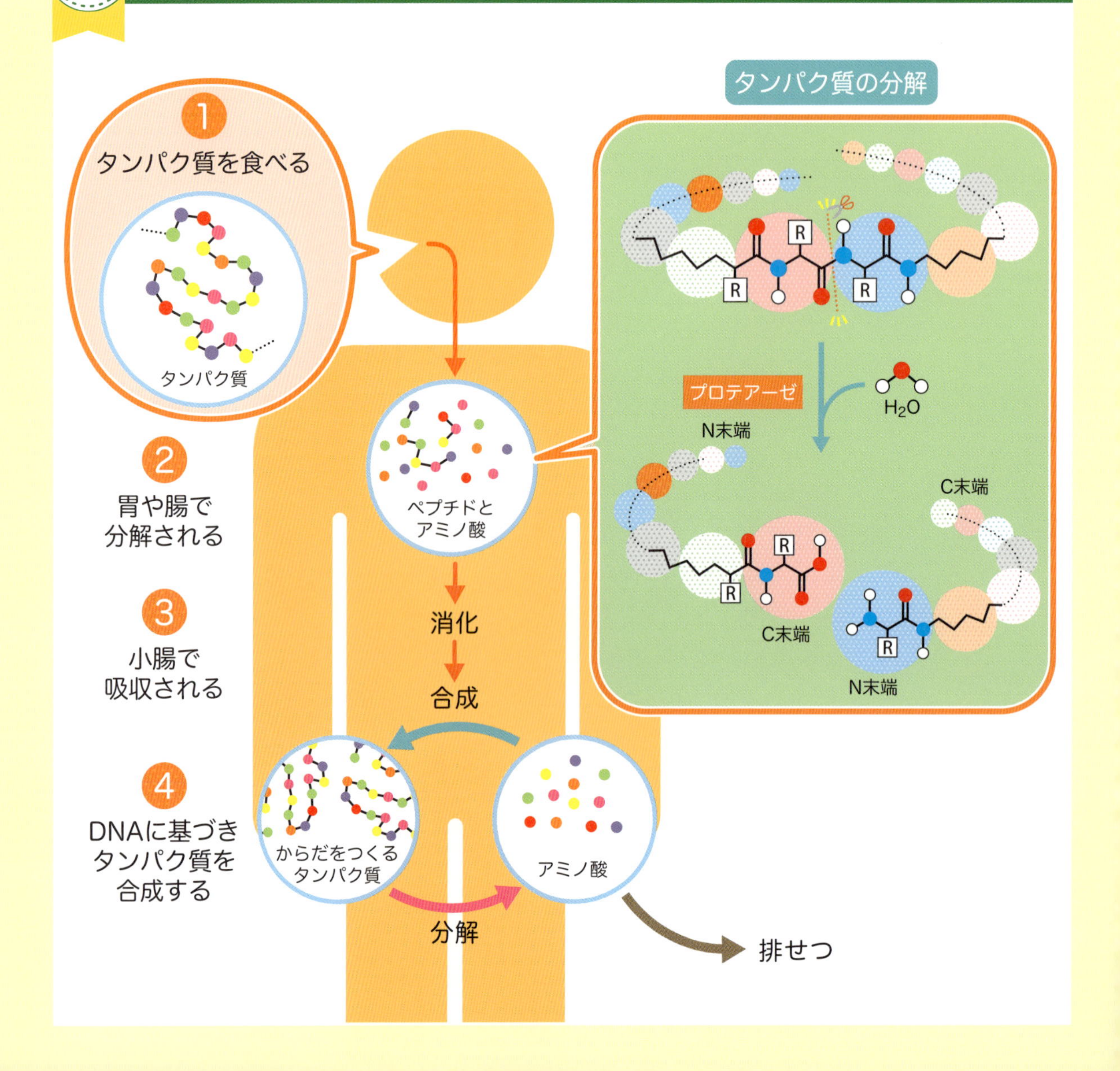

食べ物にふくまれる3大栄養素といえば，タンパク質，糖質，脂質だ．これらは，どうやってわたしたちの栄養となるのだろうか？　ここではタンパク質を考えてみることにしよう．

タンパク質をアミノ酸に分解する

タンパク質は多くのアミノ酸がつながったものだ．そのままでは細胞が栄養として取り込めない．また，ブタとヒトでは同じ筋肉でもアミノ酸のつながりかたが違う．だから，食べた肉はまずタンパク質をつくる共通な部品であるアミノ酸にまでバラバラに分解され，小腸で吸収される．その後，ヒトの遺伝子にしたがって，わたしたちの身体に必要なタンパク質へと再び合成される．

さて身体のなかでは，どうやってタンパク質をアミノ酸にまで分解しているのだろうか？　タンパク質はアミノ酸が50～100個くらいつながったものから数千個つながった大きなものまで，いろいろだ．それぞれのアミノ酸はペプチド結合でつながっているので，水と反応させて結合を切る必要がある．これを「加水分解」という（グラフィックス参照）．ところが，水炊きの肉は長時間火を通しても，かたちはなくならない．つまりタンパク質をアミノ酸にまで加水分解するのは，相当たいへんなことなのだ．

一般に，アミノ酸どうしのペプチド結合を切るには，タンパク質を沸騰した濃塩酸中に加えて，1日中置いておくくらいの過激な条件が必要だ．でも，わたしたちは1日3食の生活をしていて，食事前

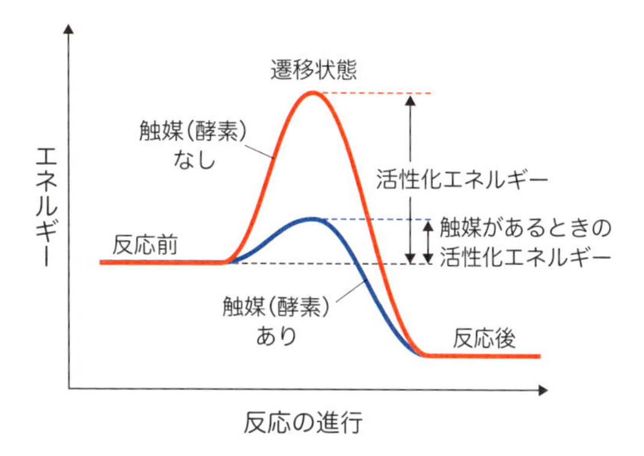

図1　触媒（酵素による活性化エネルギーの低下）

にはちゃんとお腹がすくだろう．それくらいの時間で，すでにタンパク質の分解は終わっているのだ．

ある化学反応を考えるとき，反応の前後の物質は，一般にそれぞれ違ったエネルギーをもっている．図1のように，反応後の物質のほうが低いエネルギーをもつならば，反応は何もしなくても自然に起こる．しかし，その反応の過程でエネルギーの高い状態（遷移状態）を通る必要がある．そのため，実際の反応は非常にゆっくりとしか進まない．遷移状態を超えるだけのエネルギーをもった分子だけが，生成物へと変化できるからだ．この遷移状態を超えるのに必要なエネルギーを活性化エネルギーという．タンパク質は，室温で活性化エネルギーを超えるエネルギーをもっていないため，アミノ酸に加水分解されないのだ．

タンパク質でできた触媒「酵素」のチカラ

化学反応を速やかに進めるためには，触媒を使う

ことが多い．たとえば，過酸化水素水に少量の二酸化マンガンを加えると，二酸化マンガン自体は何も変化しないが，過酸化水素は速やかに分解して酸素を発生する．二酸化マンガンがない場合には，目で観測できるほどの分解は起こらない．このように自分は変化せずに，反応を速める働きをもつ物質が触媒だ．触媒の働きは，図1のように活性化エネルギーの高さを下げて，低いエネルギーをもつ分子でも反応を進行させることにある（つまり反応が速く進む）．身体のなかでは，二酸化マンガンのような無機触媒よりもはるかに有能な，タンパク質でできた触媒の「酵素」が働いている．

酵素の触媒効果は素晴らしく，酵素を加えることで反応が 10^{14} ～ 10^{20} 倍も加速される．たとえば，触媒のないときには約 300 万年かかる反応が，（反応が 10^{14} 倍加速されるとすると）酵素があれば 1 秒で終わる計算になるから，そのすごさは測りしれない．しかも，身体は約 37 ℃に保たれ，しかもほぼ中性という温和な環境で反応を進めることができる（ただし，胃のなかは酸性）．

どうやって，このように反応を加速することができるのだろうか？　それぞれの酵素は，ある特定の反応だけを触媒することができる．たとえば，膵臓から分泌されるタンパク質分解酵素（プロテアーゼという）のトリプシンは，リシンやアルギニンをふくむペプチド結合を切断する．一方，同じ膵臓から分泌されるキモトリプシンは，チロシンやフェニルアラニン，トリプトファンといった別のアミノ酸をふくむペプチド結合のみを切断する．このように，プロテアーゼが特定のアミノ酸をふくむペプチドだけに反応する性質を「基質特異性」とよび，切断されるペプチドのことを「基質」という．

図 2 にトリプシンの立体構造を示した．左から右に少しへこんだ「みぞ」があり，真ん中に「特別な」穴が開いている．この穴には特定のアミノ酸しか入ることができないため，酵素の基質特異性が生まれる．そこで，この穴のことを「基質特異性ポケット」とよぶ．トリプシンの場合，この穴には細長くて，かつ一番端にプラスの電荷をもつリシンやアルギニンの側鎖がうまくはまることができる．穴の底にはマイナスの電荷をもつアミノ酸が配置され，リシンやアルギニンのもつプラスの電荷を引きつけ，しっかりと穴に取り込む．そして，黄色で示した部分（活性部位）が基質を攻撃して水を結合させ，ペプチド結合を切る．穴に取り込むアミノ酸のすぐ横に活性部

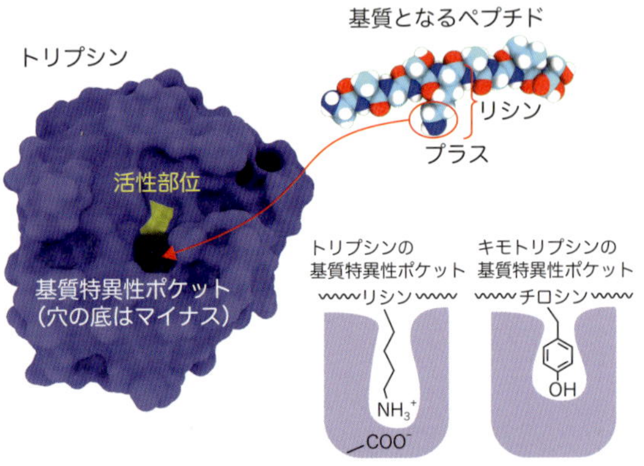

図 2　トリプシンが基質を取り込む様子
トリプシンの構造は UCSF ChimeraX を用いて表示．

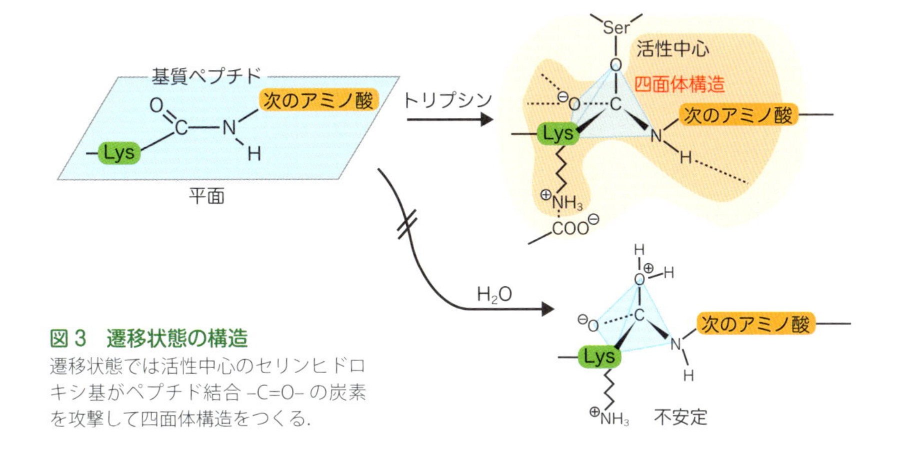

図3　遷移状態の構造
遷移状態では活性中心のセリンヒドロキシ基がペプチド結合 –C=O– の炭素を攻撃して四面体構造をつくる.

位があるため，そのアミノ酸の隣でペプチド結合が切断されるわけだ．反応が終わると，ペプチドは切られて２つになりトリプシンから離れるため，トリプシンは新たに基質となるペプチドをつかまえ，反応をおこなうことができる．キモトリプシンの穴はトリプシンよりも少し浅く，穴の底には電荷がない．このため，チロシンなどの疎水性のアミノ酸を効率よく取り込むことができる．

酵素反応が加速する理由

それぞれの酵素が基質特異性をもつ理由は理解できただろう．では，なぜ反応を加速するのだろうか？ペプチド結合…－C=O－NH－…は平面構造だ．トリプシンの活性部位には，セリンのヒドロキシ基がでている．トリプシンが基質となるペプチドを捕まえると，アルギニンと次のアミノ酸とのペプチド結合を活性中心のセリンのヒドロキシ基が攻撃し，遷移状態では四面体構造をした中間体ができる（図3）．トリプシンがなければ，セリンのヒドロキシ基の代わりに水が攻撃して四面体構造ができ，その後加水分解が進むことになる．しかし，遷移状態ということからもわかる通り，四面体構造はとても不安定で，水が直接攻撃してこの構造ができることはない．ところが，トリプシンのかたちは，基質となるペプチドと水素結合や疎水結合などの弱い結合によって，この遷移状態の構造を安定化するように基質のかたちを変化させる．これによって活性化エネルギーが大きく下がり，ペプチドが切断される反応が加速されるというわけだ．

食べたタンパク質は胃のなかでペプシンによって部分的に分解されたのち，膵臓から十二指腸にかけて分泌されるトリプシンやキモトリプシンなどの酵素により，さらに短いペプチドに分解される．最終的に，アミノ酸は小腸から吸収されて栄養となる．

11 どうして高山病になるの？

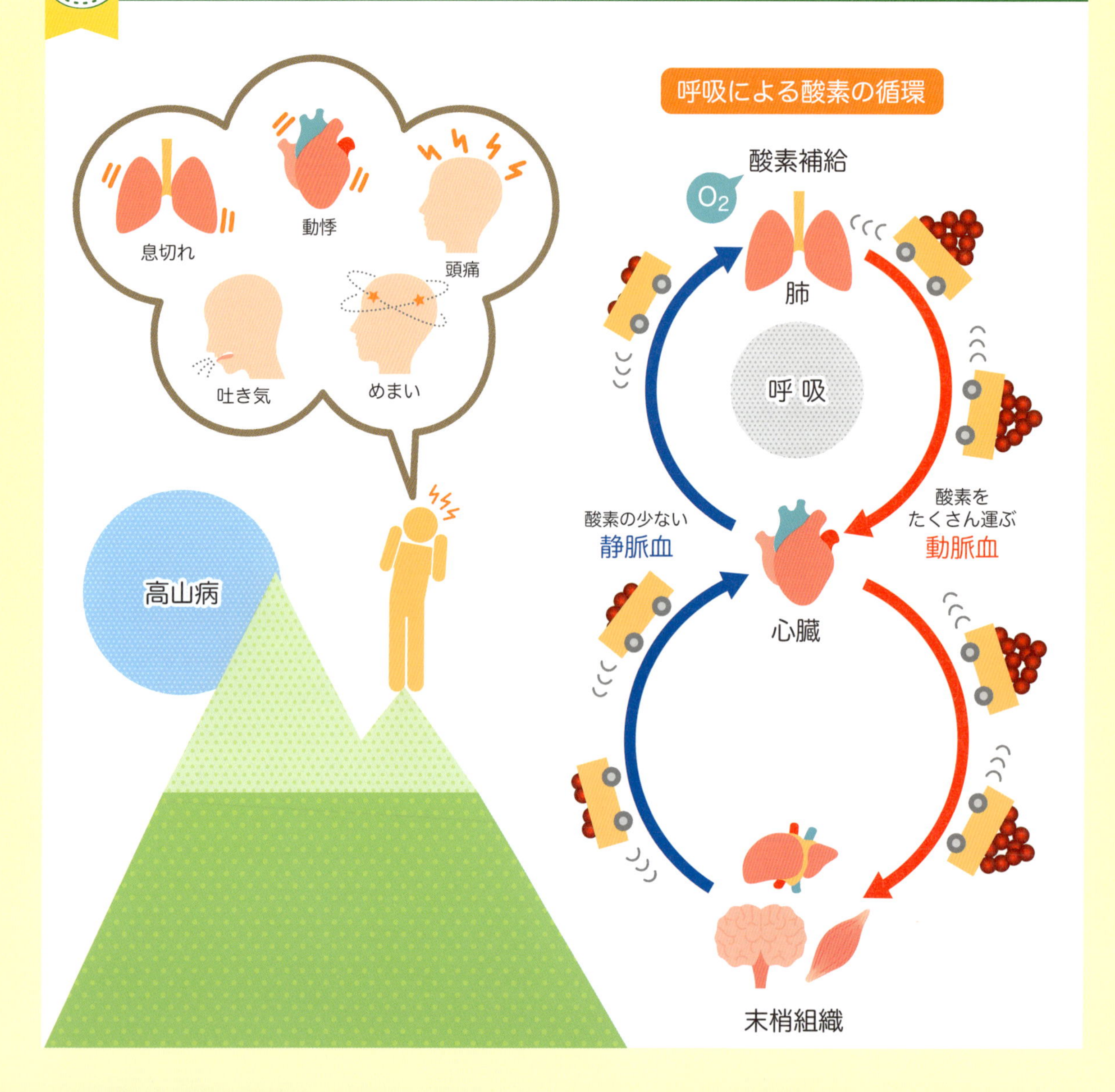

高い山を登っているときに，息切れや動悸，頭痛，吐き気，めまいなどの症状が現れる高山病．末梢組織での酸素不足が原因だが，からだのなかではどのようなことが起こっているのだろう？

酸素を運ぶタンパク質

わたしたちは空気を吸い込み，酸素を血液に乗せて肺から末梢組織まで送り届け，代わりに二酸化炭素を肺から空気中に放出している．血液のうち酸素を運ぶのは両面中央が凹んだ円盤状のかたちをした赤血球という細胞，さらに赤血球 1 個のなかに 3 億個にふくまれるヘモグロビンというタンパク質だ（図 1）．ヘモグロビンには鉄原子をふくむヘム基という分子が結合している（血が赤いのはヘム基の色のため）．ヘモグロビンには 4 つのヘム基があり，それぞれが酸素と結合するので，ヘモグロビン 1 分子あたり 4 個の酸素（分子）に結合できる（図 2）．酸素の濃度が高い肺では，ヘモグロビンはヘム基の鉄原子に酸素を結合している．一方，酸素濃度が低い末梢組織では，酸素を解離する．実に単純なことのように思えるが，そこには精緻な立体構造メカニズムが存在しているのだ．

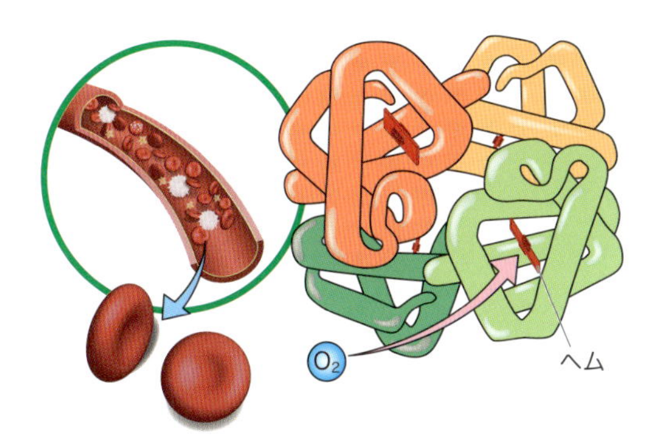

図 1　血管，赤血球，ヘモグロビン

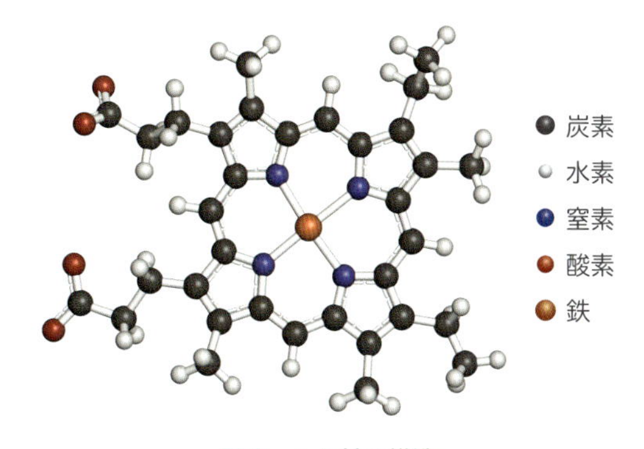

図 2　ヘム基の構造

ヘモグロビンは 2 つの α 鎖と 2 つの β 鎖の 4 つのポリペプチド鎖からなっている．αβ のあいだの相互作用は α 二量体，β 二量体よりも高いので，αβ 二量体が 2 つ集まってできたヘテロ四量体と考えるとわかりやすい．ヘモグロビンの 4 つあるヘム基のうちのひとつのヘム基に酸素が結合すると，αβ 二量体と αβ 二量体の配置が変化（図 3）し，酸素親和性の低い T 型（窮屈な構造）から酸素高親和性の R 型（リラックスした構造）へと変化し，同じヘモグロビンのほかのヘム基がより酸素と結合しやすくなる．これはアロステリック効果あるいは協同性とよばれる．この協同性のため，酸素を結合したヘモグロビン（オキシヘモグロビン）の割合を示す酸素解離曲線（図 4）は S 字形になり，酸素分圧が高い肺では酸素と結合しやすく，酸素分圧が低い末梢組織

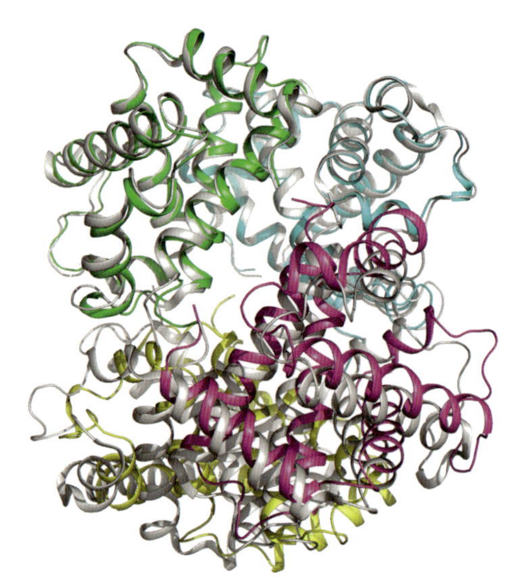

図3　デオキシヘモグロビン（灰色）とオキシヘモグロビン（カラー）の立体構造の変化

酸素の結合により，$\alpha_1\beta_1$（緑，シアン）に対して$\alpha_2\beta_2$（ピンク，黄）の配置が変化してデオキシヘモグロビン（灰色）との構造の差異が大きくなっている．ヘムは表示していない．

では酸素を解離しやすくなっており，効率よく酸素の運搬がおこなわれる．

肺の毛細血管での酸素分圧は100水銀柱ミリメートル（mmHg）程度であり，そのときの酸素飽和度はほぼ100%だ．つまり，ほとんどすべてのヘモグロビンは酸素が結合したオキシヘモグロビンとなっている．グラフからわかるように多少酸素分圧が低下しても，酸素飽和度はほとんど変化しない．末梢組織（酸素分圧はだいたい40 mmHg）にやってきたヘモグロビンは酸素を解離し，その場合の酸素飽和度は約70%であることがわかる．つまり30%分のオキシヘモグロビンが酸素を解離し，デオキシヘモグロビンになっているのだ．

ヘモグロビンのヘム基の1個にだけ酸素が結合したような状態は実質的にはなく，4つが結合しているか，まったく結合していないかのどちらかになる．このグラフは20～40 mmHgの酸素分圧では傾きが急になっていて，運動などにより末梢組織で酸素が必要になった場合にオキシヘモグロビンが速やかに酸素を解離することがわかる．ヘモグロビンと同じように酸素を結合解離する機能をもつミオグロビンの場合，非常に低い酸素分圧でも酸素と結合できる反面，末梢組織での酸素分圧（40 mmHg）ではほとんど酸素を離すことがない（図4）．この性質により，ミオグロビンはヘモグロビンが酸素を使い果たしてしまったときに，酸素の貯蔵庫をとしての役目を果たす．

肺に比べて末梢組織ではpHが低く，二酸化炭素が多い．その状態ではオキシヘモグロビンの酸素との親和性が下がる（ボーア効果）．さらに，解糖経路の中間体として合成される2,3-ジホスホグリセリン酸（2,3-DPG）の濃度が末梢組織では高いことによっても酸素との親和性が下がる．これらの影響により，ヘモグロビンの酸素解離曲線（図4）は右にシフトして末梢組織で酸素をより離しやすくなっている．ちなみに二酸化炭素や2,3-DPGはヘム基ではないヘモグロビンのある部分に結合し，デオキシヘモグロビンの構造を安定化する．つまりオキシヘモグロビンの酸素解離を促進することにより，酸素解離曲線を右側にシフトさせる．

高地に住む人はどう適応してきたのか

さて，本題の高山病に話を戻そう．高い山（たとえば 3000 メートル）に登ると，酸素分圧が平地に比べ 70%くらいになる．そうすると，図 4 によるとヘモグロビンの酸素飽和度は平地に比べて下がる．一方，末梢組織の酸素分圧は変わらないので，運搬できる酸素は減り，末梢組織の酸素不足が起こる．これが高山病の原因のひとつだ．予防法として高度に体を慣らすことが知られているが，これは低酸素にさらされていると血液中の 2,3-DPG 濃度が上昇するため，ヘモグロビンの酸素親和性が低下して末梢組織での酸素放出量が増えることによる．

では，3000 メートル以上の高地に定住する人たちはどうやって末端組織に必要な酸素を運んでいるのだろう？　アンデス高地やチベット高地に住む人はそれぞれ「ヘモグロビン量増加」と「血流増加」という 2 つの異なった方式で適応してきたと考えられている．アスリートが高地でトレーニングするとヘモグロビンの量が増えることが知られており，アンデス高地に住む人の適応はこれと同じである．ヘモグロビン量が多いのは一見好ましいことのように思えるが，血栓などができるリスクが高まる．一方，チベットの人たちではヘモグロビン濃度はむしろ低く，肺活量や血流増加などが生じる遺伝子変異が確認されている．

そもそも分子量 32 の酸素分子を 4 つ運ぶのに分子量 64,500 のヘモグロビンが必要なのはなぜだろう？　水溶液に溶ける酸素分子の量はほんのわずかであり，そのため効率よく酸素を血液に溶かすことができる物質（ヘモグロビン）が必要となるからだ．酸素を効率よく肺から末梢組織に運ぶことのできるヘモグロビンではあるが，困ったことに一酸化炭素のほうが酸素よりもヘモグロビンのヘム鉄に結合しやすい．酸素に比べてヘム鉄との親和性は 220 倍も一酸化炭素のほうが高い．さらに一酸化炭素が 1 個ヘモグロビンに結合すると，残りのヘムが酸素高親和性になり，酸素解離曲線は左側にシフトし，通常の S 字形からミオグロビンのような双曲線のかたちに変化する．そうなると，ヘモグロビンは末梢組織で酸素を解離できなくなり，結果として末梢組織へ酸素供給できなくなる．これが一酸化炭素中毒の分子メカニズムだ．

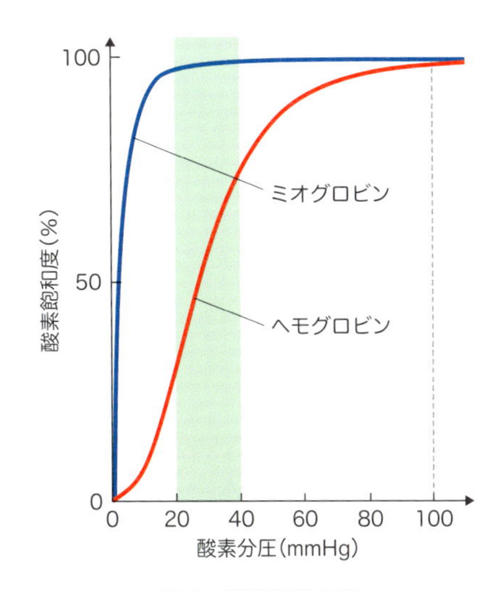

図 4　酸素解離曲線

12 コラーゲンってなあに？

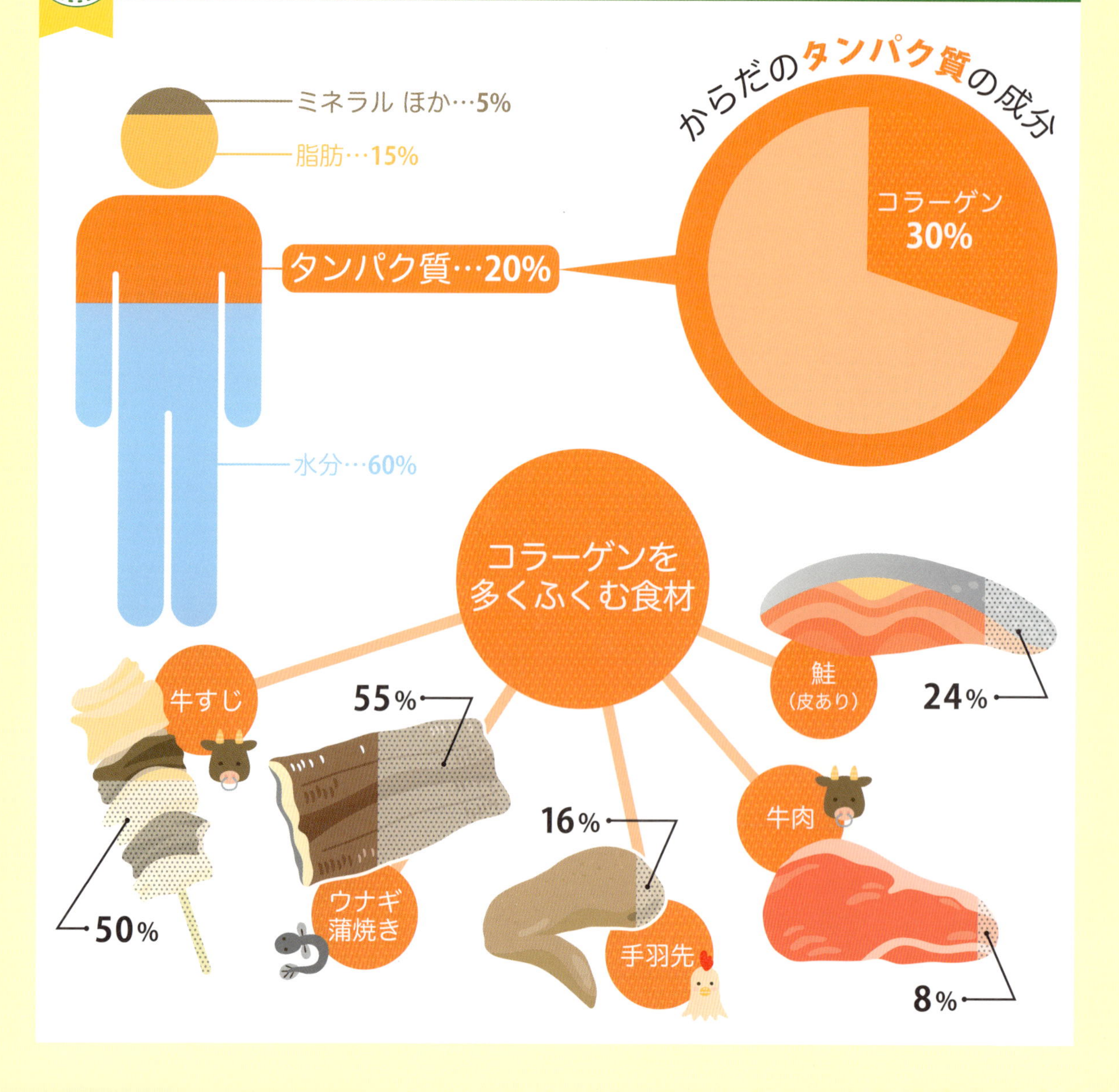

身近なタンパク質・コラーゲン

世界でも有数の長寿国となった日本．2020年には人口の30％を65歳以上の高齢者が占めるといわれている．テレビや新聞では，アンチエイジングや美肌をうたった健康食品やサプリメントの宣伝を毎日のように見かける．なかでもよく目にするのが「コラーゲン」だ．コラーゲンとは，いったい何だろうか？

このコラーゲンの正体はタンパク質で，それも私たちの身体にもっとも多くふくまれる種類のものだ．驚くかもしれないが，なんと身体をつくるタンパク質の30％がコラーゲンだ．つまり体重50キログラムの人では，タンパク質は10キログラム，そのうち3キログラムがコラーゲンなのだ．

コラーゲンはわたしたちのどの臓器にもふくまれるが，とくに皮膚や骨，軟骨，腱，血管など，からだのかたちと骨格づくりにかかわる部分に多い．なかでも皮膚はコラーゲンを多くふくみ，乾燥重量の70％を占める．

おもに動物性食品に広くふくまれており，牛すじやウナギ蒲焼き，手羽先，魚のあらはコラーゲンが豊富な食材だ（グラフィックス参照）．魚のあらや手羽先を炊いたあと，煮汁が冷えると「煮こごり」ができる．これは皮や骨にふくまれたコラーゲンが熱で溶けだし，冷えて固まったものだ．この固まったゲル状のものは，ゼラチンとしてお菓子の材料によく使われる．

さらにいえば，日常生活でも，とても身近な存在だ．革製のカバンや靴，ベルトなど，あげればきりがない．

コラーゲンの特殊なかたち

動物の皮膚は表皮と真皮からできている．表皮は細胞が何層も積み重なってできており，異物の侵入や水分の散逸を防ぐバリアとして働いている．一方，真皮は細胞成分よりさまざまな太さの繊維状の構造物で満たされ，これが皮膚に物理的強度や弾性を与えている．コラーゲンはどうして皮膚や骨のように，からだをささえ，まもる部分に使われているのだろうか．

この真皮にある繊維状構造物の主成分がコラーゲンだ．コラーゲン分子はらせん状にからみあった3本のポリペプチド鎖からできている（図1）．3本らせんの直径は1.5ナノメートル，長さは300ナノ

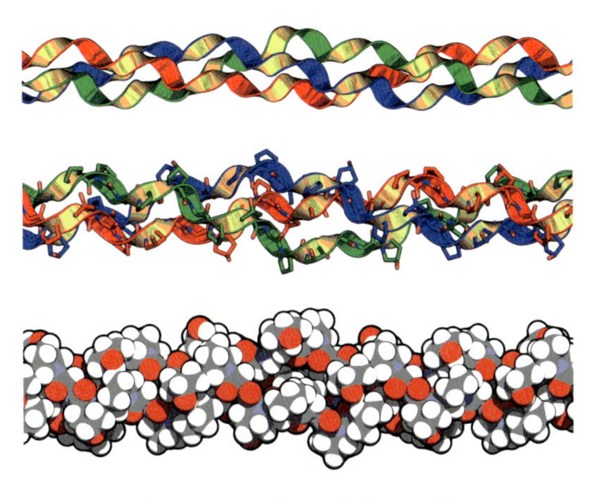

図1　コラーゲンの3本のらせん

メートル．太さ 8 ミリメートルの鉛筆にたとえると，長さは 160 センチメートルにもなる．そして，このポリペプチド鎖自体も，特徴的ならせん構造をとっている．コラーゲンのポリペプチド鎖のらせん構造は左巻きなのだ．この鎖が 3 本，これが互いに右巻きのらせんをつくって巻き合わさっているのが，コラーゲン線維の強さの秘密である．

どうしてコラーゲン線維は，このような構造をとるのだろう．それは，コラーゲンの 3 本のポリペプチド鎖のアミノ酸の並び方に特徴があるからだ．コラーゲンのポリペプチド鎖は約 1000 個のアミノ酸がつながってできている． このアミノ酸の並び方を調べてみたところ，組成が非常に偏っているのがわかった．グリシン（Gly）が 3 分の 1 を占め，プロリン（Pro）とそのヒドロキシ体であるヒドロキシプロリン（Hyp）も全体の 20％を占める（図 2）．ヒドロキシプロリンはコラーゲン固有のアミノ酸であり，プロリルヒドロキシラーゼという酵素の働きによってつくられる．このアミノ酸組成の偏りを詳し

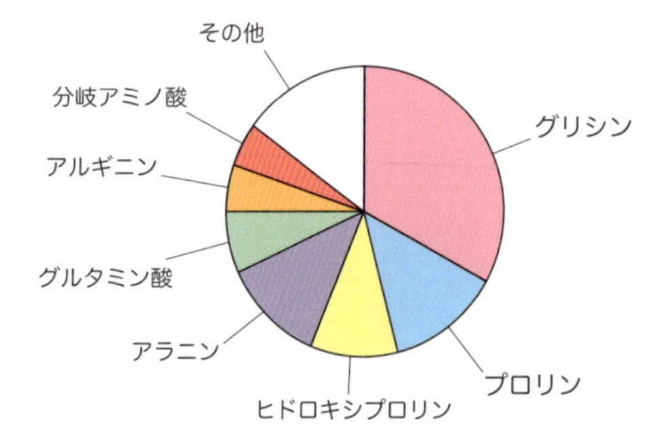

図 2　コラーゲンのアミノ酸組成

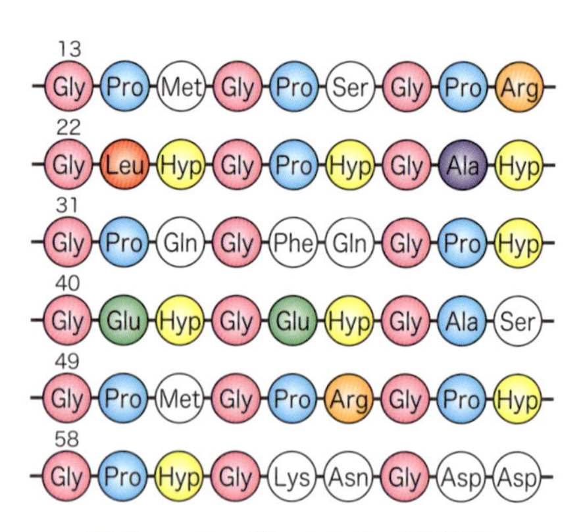

図 3　コラーゲンのアミノ酸配列

く調べると，コラーゲンは Gly–X–Y という配列の繰り返しでできているようで，2 番目の X はプロリン，3 番目の Y はヒドロキシプロリンである場合が多い（図 3）．

プロリンのヒドロキシ化は，グリシンの直前のプロリンに対して起こっている．プロリンのヒドロキシ化が起こらないと，3 本のポリペプチド鎖は 3 本のらせんを巻くことができない．つまり，グリシンが規則的にアミノ酸 3 個ごとにあり，グリシンの直前のプロリンがヒドロキシ化されることが，コラーゲンの特徴的な 3 本らせん構造をかたちづくるのには不可欠なのだ．

酵素プロリルヒドロキシラーゼは，ビタミン C（アスコルビン酸）がないと働かない．したがって，ビタミン C が不足すると，ヒドロキシプロリンをつくることができなくなるため，コラーゲン線維が正しい構造をとることができなくなり，もろくなる．ここに起因する病気に壊血病がある．壊血病はビタ

ミンCが不足すると皮膚や血管がもろくなって出血を起こす病気だが，こうしたしくみでコラーゲンも密接にかかわっていたのだ．

からだをささえる骨のもと

今度は骨を見てみよう．丈夫な骨（骨格系）が何十キログラムものわたしたちの体重をささえている．そのおかげで，わたしたちは人間としての姿かたちを保っていられる．実は，この骨をつくっているタンパク質もコラーゲンなのだ．骨の重さの60％はヒドロキシアパタイトというリン酸カルシウムの結晶で，残りのほとんどがコラーゲンだ．骨を鉄筋コンクリートにたとえれば，コラーゲンが鉄筋で，そのまわりを支持しているヒドロキシアパタイトはセメントといえよう．

具体的にどのように丈夫な硬い骨がつくられているのだろうか．コラーゲン分子は，会合して線維をつくる．このとき，前後のコラーゲン分子とのあいだに，およそ35ナノメートルのすき間ができる．このすき間にしみ込んだリン酸カルシウムが沈着してヒドロキシアパタイトの核をつくり，そこからヒドロキシアパタイトの結晶がだんだんと成長して硬い骨をつくっていると考えられている（図4）．

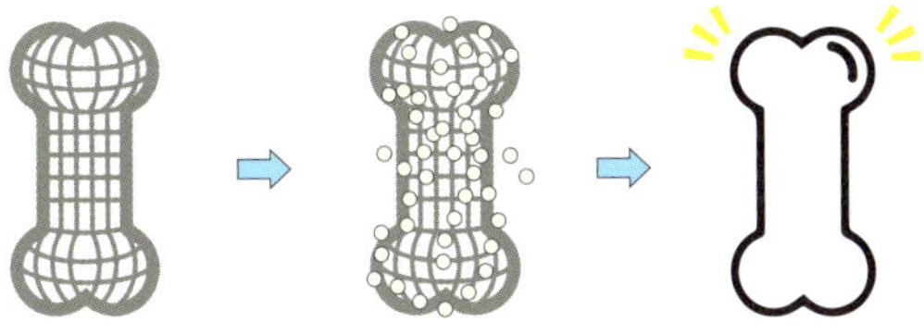

図4　骨をささえるコラーゲン

こうしてみると，コラーゲンはわたしたちのからだをつくる大もとになっていることがわかる．

老化と糖化

皮膚のコラーゲンは，老化とともに質が劣化していくことがわかってきた．というのも，ほかのタンパク質と比べて，コラーゲンはつくられてから壊されるまでの時間が長く，さまざまな修飾反応を受けやすいからだ．コラーゲンの場合はとくに“糖化”とよばれる修飾反応が老化とともに進行する．

タンパク質やアミノ酸に糖を加えて加熱すると，褐色に変化する（メイラード反応ともいう）．クッキーを焼くと表面が茶褐色になるのは，このためだ．この糖化によってコラーゲンどうしが橋渡し（架橋）され，コラーゲン繊維のしなやかさは失われてしまう．老化によって肌が黄ばんだり，弾力性を失ったりするのは，この糖化が原因と考えられている．

＊

コラーゲンは身近で入手しやすいため，タンパク質のモデルとして早くから研究されてきた．しかし，その合成や分解のしくみについては，まだまだ不明な点が多く残されている．また，組織の恒常性や再生にコラーゲンやその分解産物がどのようにかかわっているのかなど，解明できていない点がある．コラーゲンについてはこれからも研究が必要だろう．

13 筋肉はどのようにして縮むの？

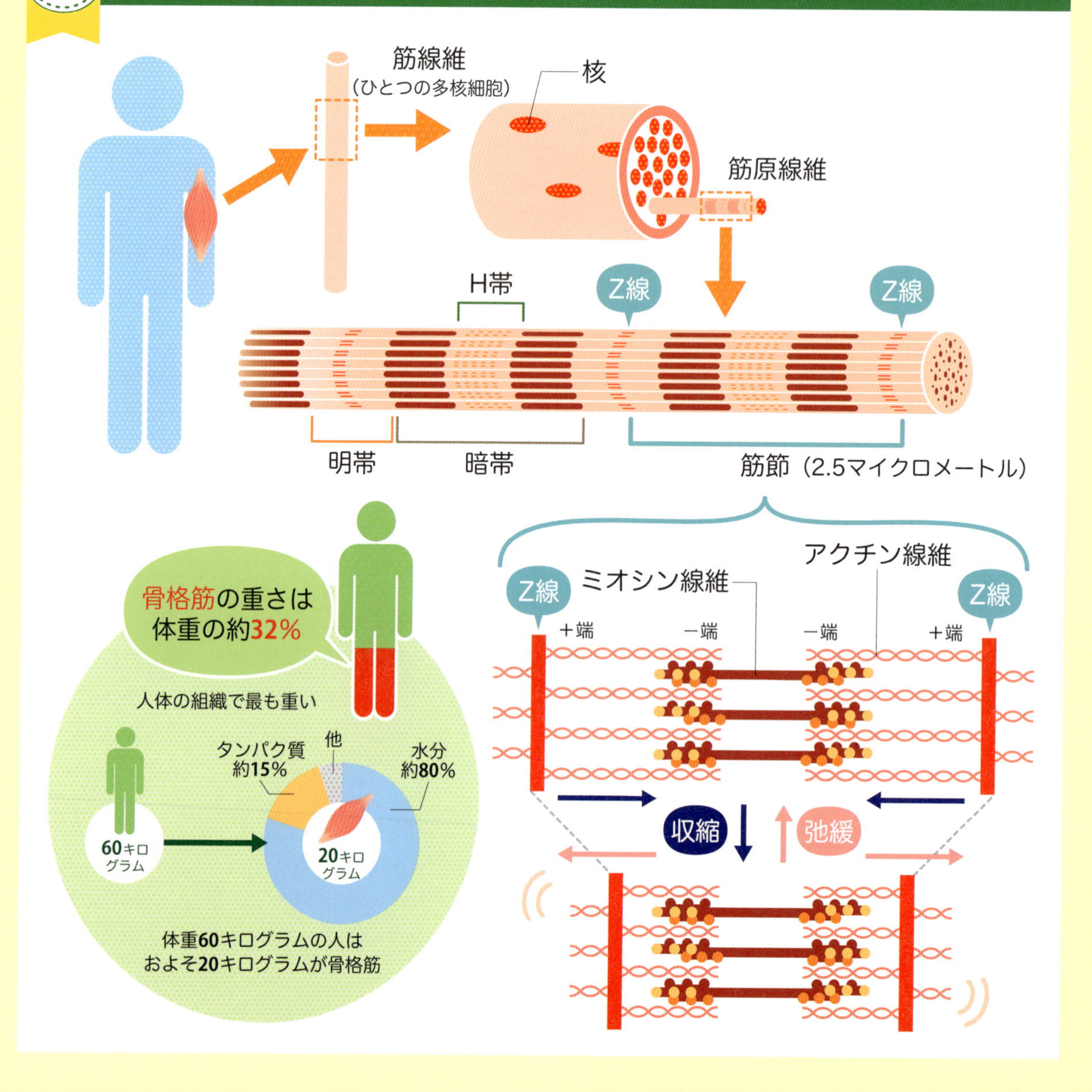

筋肉はとても身近な組織だ．そのため，その時代の最先端技術を駆使して，構造や機能について研究が長年おこなわれている．筋肉と聞いてまず思い浮かべるのは，手や足を動かす筋肉だ．手や足の筋肉のように，身体を動かす筋肉は骨格筋とよばれる．筋肉にはそれ以外に，心臓の筋肉（心筋），食道，胃，腸などの消化管や血管などの平滑筋とよばれる筋肉がある．ここでは，最も身近な骨格筋を例に，筋肉がどのようにして縮むのかについて紹介しよう．

2つの筋線維アクチンとミオシン

骨格筋の重さは体重のおよそ32％で，わたしたちの身体の組織のなかで最も重い．骨格筋重量の80％は水分で，タンパク質は15％くらい．骨格筋の細胞は分化するときに，複数の細胞が融合して数センチもの長さの筋線維になる．骨格筋はこの筋線維が束になったものだ．筋線維の端は腱や軟骨につながっている．筋線維を観察すると，明るい帯と暗い帯が交互に繰り返されるしま模様が見える．これは筋線維のなかにある多数の筋原線維に「しま」があり，それらが細胞のなかで互いにずれないように並んでいるために見えるのだ．

光学顕微鏡で観察したときに明るく見える部分を明帯，暗く見える部分を暗帯という．明帯の中央にはZ線とよばれるしきりがあり，暗帯の中央にはH帯とよばれるやや明るい「しま」が見える．Z線から隣のZ線までが，収縮が起こるときに単位となる筋節とよばれる構造だ．ひとつの筋節の長さはわずか2.5マイクロメートルで，筋原線維は筋節が横にずらっと並んだ構造をしている．5センチメートルの筋肉では，20,000もの筋節が一列に並んでいる．

詳しく観察すると，1本の筋原線維には，さらに細い線維が規則正しく並んでいることがわかる．線維には太さの異なる2種類があり，それぞれ，くし形に並び，くしの歯の端が重なるように入り組んでいる．これら2種類の線維のうち，太い線維はおもにミオシンというタンパク質，細い線維はアクチンというタンパク質からできている．ミオシンとアクチンの線維が交互に入り組むことで，2種類のタンパク質が効率よく反応できるような構造になる．ミオシンとアクチンだけで筋肉の全タンパク質のうち，80％も占めている．わたしたちが食事で食べる肉の大部分は動物の骨格筋だ．したがって，アクチンとミオシンはわたしたちの栄養源として，とても重要なタンパク質であるといえる．

筋肉の動くしくみ

それでは，骨格筋はどのようなしくみで縮んでいるのだろうか．縮む前後の骨格筋の構造を電子顕微鏡で調べてみると，明帯とH帯の長さが変化するのに対し，暗帯の長さは変わらないことがわかった．このことから，筋収縮は線維が伸びたゴムが縮むようにして起こるのではなく，2種類の線維の長さは変わらないまま，互いに滑りこむことで筋節の長さが短くなっていることがわかったのだ．また，筋肉が生みだす力は，2種類の線維の重なりの長さに比例することも判明している．小さな筋節が横にたくさんつながっていることで，筋肉は短時間で一気に縮むことができるのだ．

ところで，「筋肉が伸びたり縮んだり」という表現をすることがあるが，筋肉は基本的に縮むことしかできない．それではどのようにしてもとに戻るのだろうか．たとえば上腕の場合，肘を曲げると力こぶができる．この力こぶは上腕二頭筋という名前の筋肉が縮んだときにできる．では，反対に腕を伸ばすときはどうなるのだろうか？　腕を伸ばすときに働くのは，上腕二頭筋の反対側についている上腕三頭筋という筋肉だ．上腕三頭筋が縮むことで，力こぶである上腕二頭筋が伸ばされてもとに戻るというわけだ．このように，人間の身体は，2 つの筋肉を連携して働かせることで動かせるのだ．

さきほど，筋収縮は 2 種類のタンパク質からなる線維が互いに滑ることで起こると説明した．それでは，タンパク質分子のレベルではどのようなことが起こっているのだろうか．まず，タンパク質分子の構造から説明しよう．アクチン線維は直径およそ 5 ナノメートル（ナノメートルはミリメートルの百万分の 1）の球状アクチン分子が，右巻き二重らせん状に重合したものだ．1 本のアクチン線維の直径はおよそ 7 ナノメートルだ．アクチン線維には方向性があり，片方の端は重合速度が速く，反対の端は重合速度が遅い．筋節構造では，重合速度が速い端（＋端）は Z 線に結合し，筋節中央が重合速度の遅い端（－端）となる．アクチン線維には筋収縮を調節するトロポニンとトロポミオシンというタンパク質が結合している．トロポニンとトロポミオシンが結合したアクチン線維を細い線維とよぶ．骨格筋のミオシン分子はカイワレダイコンに似たかたちをしている．葉にあたる部分（頭部とよぶ）の大きさは長さがおよそ 20 ナノメートル，幅が 7 ナノメートル，茎の部分（尾部とよばれる）は長さが 140 ナノメートル，幅が 2 ナノメートルだ．ミオシン分子およそ 400 個が集まって左右対称の線維を形成している．ミオシン頭部は線維の両端の方向を向くように配置され，線維から突きだしている．ミオシン線維の中央部分はミオシン頭部の突出がない．ミオシン頭部は筋収縮のエネルギー源である，アデノシン三リン酸（ATP）を分解する活性をもっている．

ところで，筋肉は縮んでいる（力をだしている）状態と休んでいる状態とがある．休んでいるときは，

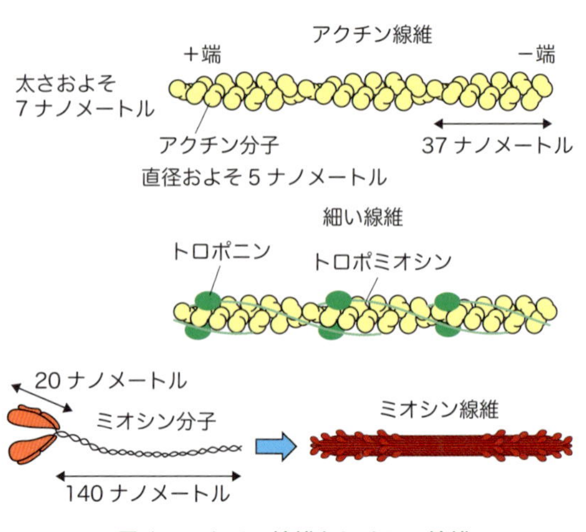

図 1　アクチン線維とミオシン線維

アクチン線維に結合しているトロポミオシンがアクチン分子とミオシン分子が相互作用するのを邪魔している．休止状態を解除するのに重要な働きをしているのがトロポニンだ．トロポニンはカルシウムイオンと結合するタンパク質で，トロポミオシンにも結合している．トロポニンにカルシウムイオンが結合すると，トロポニンとトロポミオシンが構造変化を起こし，アクチンとミオシンの相互作用ができるようになる．その結果，アクチン線維とミオシン線維のあいだに滑り運動が起こる．わたしたちが腕を曲げようとしたとき，脳から腕の筋肉にくっついている神経に信号が伝わる．信号が届くと，筋肉細胞内の袋にためられているカルシウムイオンが放出され，細胞内のカルシウムイオン濃度が上昇する．これによって，アクチン線維がON状態になり，筋肉が収縮するというわけだ．

「首振り説」は正しいか

最後に筋収縮の分子メカニズムについて紹介しよう．有名なのは「首振り説」だ．首振り説では，ミオシン分子のATP加水分解反応とミオシンやアクチン分子の動きが対応しているという特徴をもつ．最初，ミオシン分子の頭部はアクチン分子と結合した状態にある．ここにエネルギー源であるATP分子がやってきて，ミオシン頭部のATP結合部位に結合する．すると，ミオシン頭部はアクチン分子から解離する．ミオシン頭部上でATPが分解されADPとリン酸（Pi）の状態になると，ミオシン頭部とアク

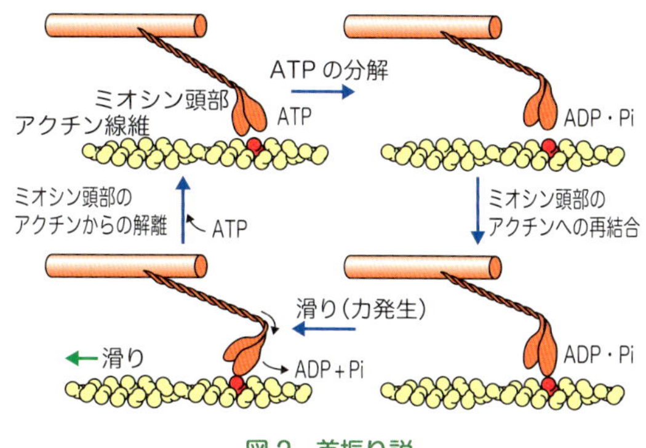

図2　首振り説

チン分子が再び結合する．次のステップでミオシン頭部からADPとリン酸が放出される．このとき，ミオシン頭部が構造変化を起こして，アクチン線維をグイッと押しだす．ここまでが1サイクルだ．

次に新しいATP分子がミオシン頭部に結合し，ミオシンとアクチンが解離し，次のサイクルがはじまる．この一連のサイクルを続けることで，ミオシン線維とアクチン線維間の一方向性の滑り運動が起こる．首振り説は直観的でとてもわかりやすく，長年受け入れられてきた．ところが，首振り説では説明できない実験結果も得られており，筋収縮のおもな駆動力はブラウン運動であるという説も提唱されている．首振り説はアクチン線維1本と1個のミオシン頭部しか考えていないところに難がある．骨格筋の場合，非常にたくさんのアクチン線維とミオシン線維（ミオシン分子）が同時に相互作用するので，実際にはもっと複雑なからくりによって筋肉は効率よく収縮しているのだろう．こうした詳細を明らかにするには，さらなる研究が必要といえよう．

14 暑いときに水を飲まないとどうなるの？

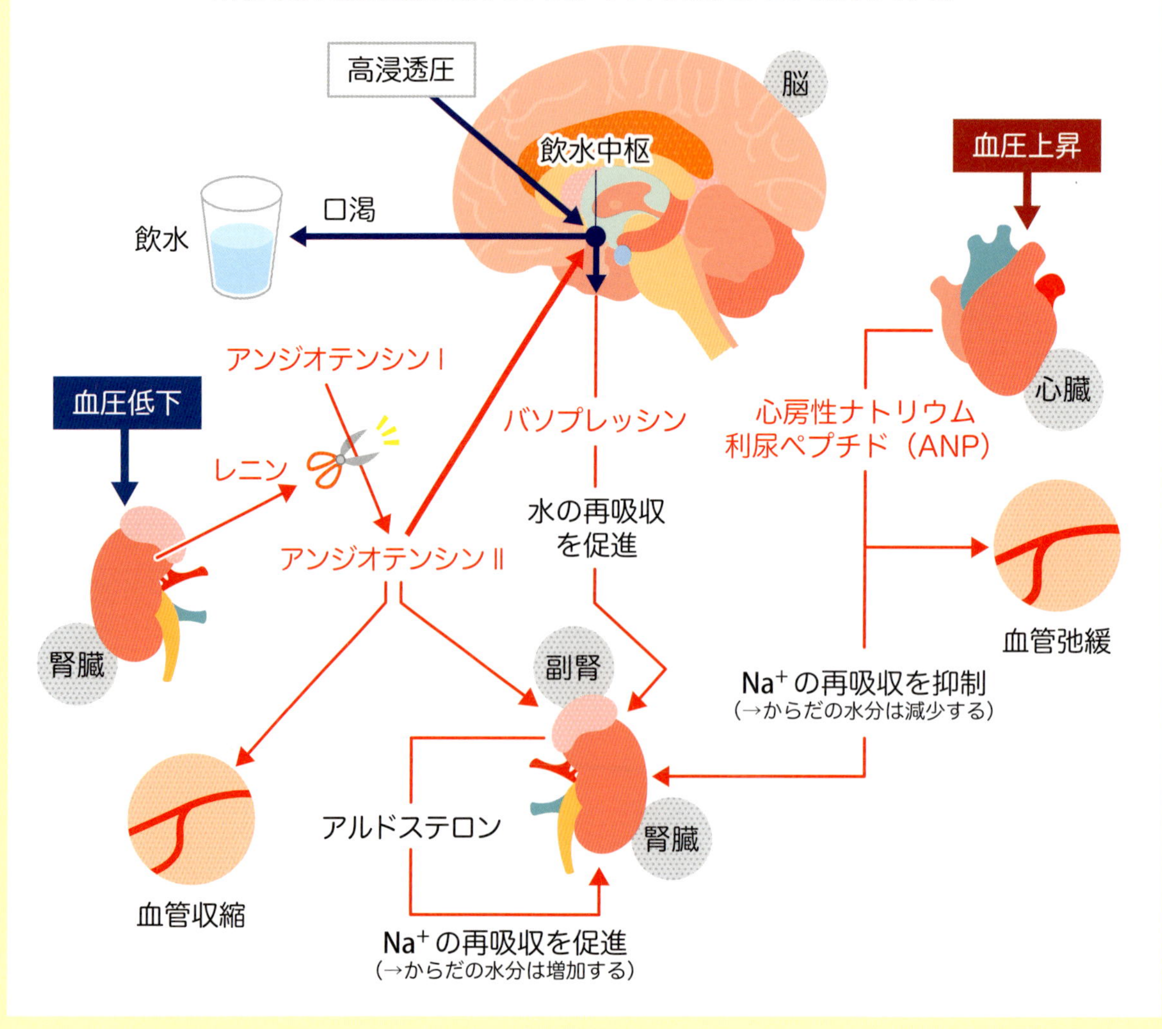

わたしたちのからだの約 60%は水でできている．そのうちの 3 分の 2 は細胞内を満たす液体として，残りは細胞外液，すなわち細胞間のすき間を満たす液や血液などとして存在する．細胞外液には海の組成と似た比率のイオンがふくまれており，わたしたちの細胞は薄めた海水のなかで生きているようにも見える．地球上の生命は最初に海で生まれ，古生代のある時期に陸上に進出してきたが，わたしたちの細胞は海で生きていたときと似た環境をいまだに必要としているかのようだ．

水分調節のしくみ

わたしたちは 1 日に約 2.5 リットルの水分を，飲み物や食べ物，および体内での化学反応から獲得する．一方，ほぼ同量の水を尿や便，汗などとして排出している．水分は塩分とともに日々激しく体内から出入りをするが，その量や濃度は巧妙なメカニズムによってつねに適切な値に保たれている．このように，生物の内部環境の変動が適正な範囲内に保たれていることを恒常性（ホメオスタシス）といい，わたしたちはこのようなしくみを数多くもっている．

からだの水分の調節において，水分不足に陥らないようにすることは非常に重要だ．水分不足になると脱水症状を起こし，極端な場合は死に至ることもある．そのため，陸上に進出した生物は，適切な体水分を確保するためのしくみを進化の過程で獲得してきた．たとえば，水分不足のセンサーはそのひとつだ．わたしたちはからだの水分が 1 ～ 2%ほど減少すると，喉（のど）の渇きを感じる．これは脳の飲水中枢にある浸透圧センサーニューロンが水分補給の指令を発しているのだ．このようなときは，適切に水分を補給しなければならない．

また，気温が非常に高いときや運動したときには，脳の体温調節中枢が体温上昇を感知して発汗を促す．このとき飲水中枢が水の補給を要求するシグナルをだすが，センサーの指示に従わなかったり，またセンサーがうまく働いていなかったりすると，失った水分と塩分を十分に補給できず，からだから熱を逃がしきれなかったり，脱水症状を起こしたりする．これが熱中症で，早めに水分と塩分を補給する必要がある．

尿の再吸収による調節

体水分および塩分調節の中心になるのは，腎臓における尿の生成だ．腎臓はネフロンとよばれる微小なろ過装置が集合したもので（図 1），ヒトの 1 個の腎臓にはこれが約 100 万個あるといわれている．ネフロンの一部である糸球体は，血液をろ過して 1 日に約 180 リットルの原尿を生成する．これをすべて排泄してしまったら生きてはいけないので，少ない水のロスで塩分を調節し，老廃物を排泄できるよう，動物は尿を高度に濃縮するシステムを進化させてきた．すなわち，原尿は低分子物質と小さいタンパク質とともに原尿の通り道（尿路）を流れていくが，その途中で大部分の水は，グルコースやアミノ酸，ペプチド，タンパク質など，からだにとって必

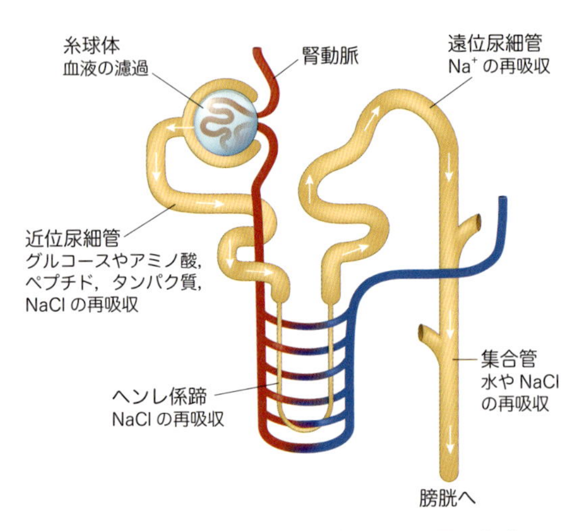

図1　ネフロンの構造と腎臓における尿の生成

要なものとともに再吸収され，残ったものは不要な物質を濃縮した尿として排泄される．その量は約 1.5 リットルにすぎない．

このように腎臓は絶えず大量の水を再吸収している．このときに水を輸送しているのは，アクアポリンという細胞膜タンパク質だ．水は細胞膜を直接通過することはできないが，アクアポリンには水だけを通過させることのできる通り道があり，これが細胞膜に存在すると，水は浸透圧に従って細胞膜を横切って移動できる．尿路には数種類のアクアポリンが発現していて，それらの働きにより糸球体でろ過された水の 99%以上は再吸収され，血液中へと戻される．

ペプチドホルモンによる水分調節

では，体内の水分量や塩分量を調節するメカニズムとはどのようになっているのだろうか？　そこにはバソプレッシンやアンジオテンシン，心房性ナトリウム利尿ペプチド（ANP）などのペプチドが関与している（図 2）．バソプレッシンは 9 つのアミノ酸からなるペプチドで，抗利尿ホルモンともよばれるように，尿量を減少させるホルモンだ．

脳の飲水中枢には血液の浸透圧を電気的なシグナルに変換するニューロンがあり，これが高い浸透圧を感知すると，喉の渇きを感じさせて飲水を誘導するとともに，視床下部から脳下垂体へと神経線維を伸ばすバソプレッシン含有ニューロンへとシグナルを送る．これは特殊な内分泌機能をもつニューロンで，脳下垂体にある神経末端から直接血液中にバソ

図2　体水分調節に関連するペプチドの一次構造

プレッシンを分泌する．バソプレッシンが血流に乗って腎臓にたどりつくと，集合管の細胞表面にあるバソプレッシン受容体に結合し，細胞内の cAMP 濃度を高める（図 3）．そうすると，アクアポリンファミリーのひとつであるアクアポリン 2 が細胞内小胞から細胞膜へと移動し，細胞膜上のアクアポリン 2 の数が増加する．バソプレッシンはおもにこのメカニズムによって腎臓での水の回収量を増加させ，尿の量を少なくする．

これに対しアンジオテンシンは，血圧の低下に応答して体液を増加させるペプチドだ．アンジオテンシンは血圧が正常のときは血液中を不活性型であるアンジオテンシンⅠのかたちで循環しているが，腎臓の血圧感受性細胞が血圧低下を感知してレニンを分泌すると，レニンによってアミノ酸 2 個が切り離され，活性型のアンジオテンシンⅡとなる．

アンジオテンシンⅡは血管に作用して血管を収縮させるとともに，アルドステロンの副腎からの分泌を促進する．アルドステロンは腎臓でのナトリウムイオン（Na^+）の再吸収を促進し，血中ナトリウムイオン濃度を上昇させる．また，アンジオテンシンⅡは脳の飲水中枢にも作用し，喉の渇きを誘導するとともに，バソプレッシンの分泌を促進する．これらの結果として，からだの水分は増加に向かう．

それらとは逆に，心房性ナトリウム利尿ペプチド（ANP）は心臓の心房から分泌され，末梢血管を拡張させるとともに，尿量を増加させる．また，腎臓におけるナトリウムイオンの排出を促進する．その結果，血圧は低下し体液量は減少する．ANP とよく似た構造をもつペプチドで，おもに心室から分泌される脳性ナトリウム利尿ペプチド（BNP）も，ANP と同じような機能をもつと考えられる．同じファミリーのペプチドにはＣ型ナトリウム利尿ペプチド（CNP）も知られている．

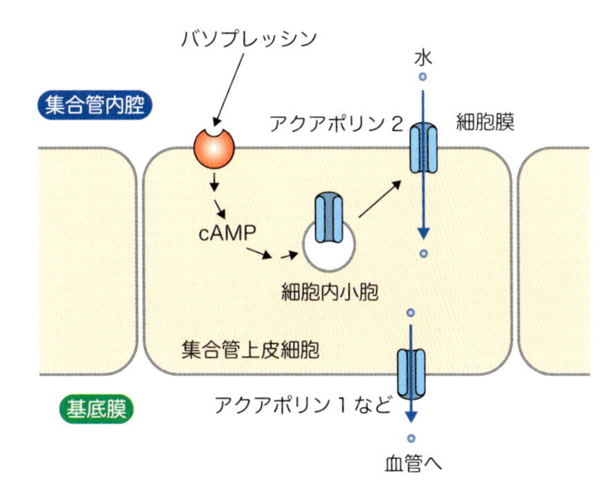

図 3　バソプレッシンによる水の再吸収の調節

このように，腎臓は血液をろ過して濃縮することにより，尿を生成して老廃物を体外に送りだすとともに，からだの水分量の調節や塩分と浸透圧の調節，血圧調節などの恒常性維持において中心的な役割を果たしており，それぞれの場面でタンパク質やペプチドが重要な働きをしている．また，ここでは述べなかったが，尿による尿素の排泄はアミノ酸分解の最終段階であり，腎臓はタンパク質の代謝そのものに関しても重要な働きをしているのだ．

❖ タンパク質ずかん❷ ノーベル賞にまつわるタンパク質（その2） ❖

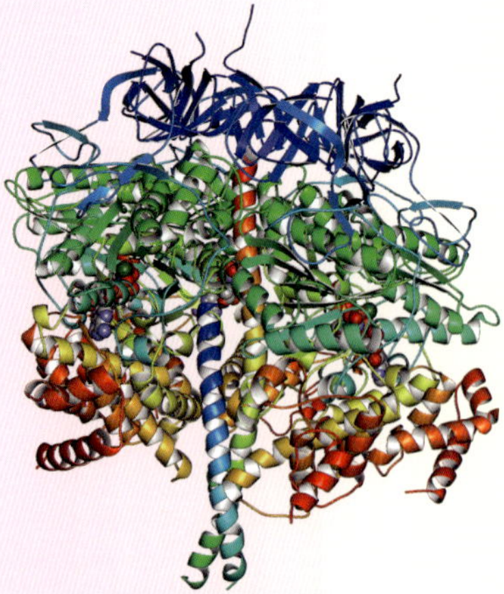

F_1-ATP合成酵素（1BMF）
【1997年化学賞】

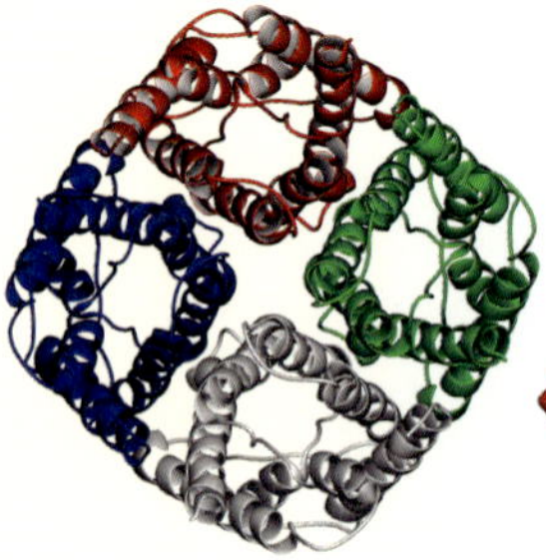

アクアポリン（1FQY）
【2003年化学賞】

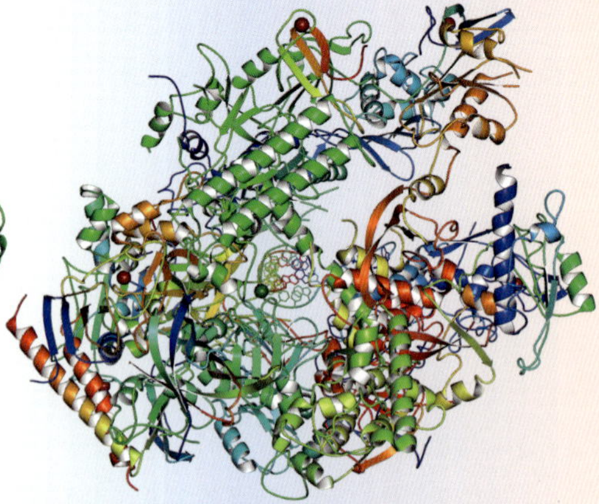

RNAポリメラーゼ（1I6H）
【2006年化学賞】

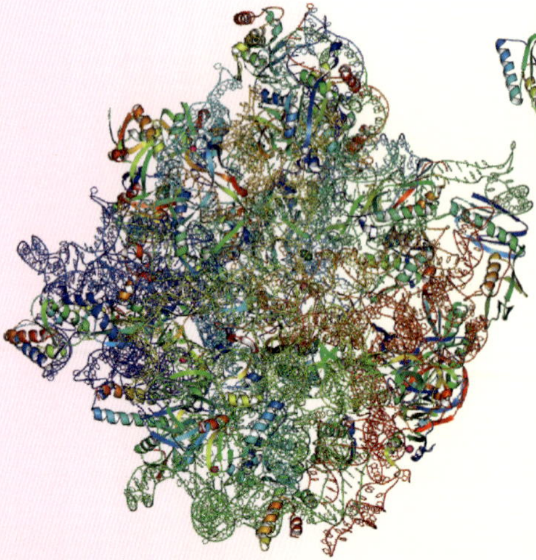

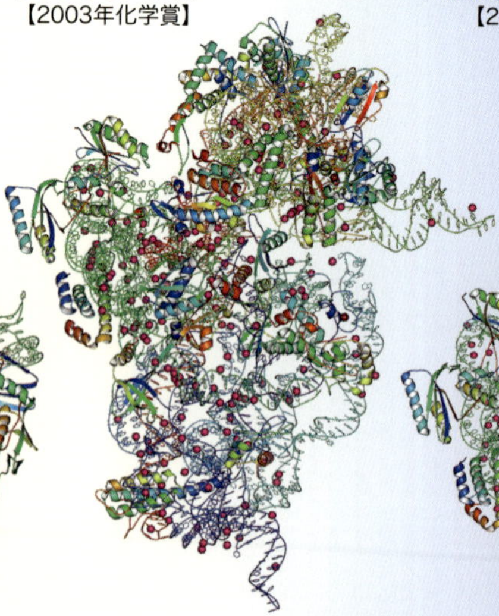

リボソーム（S30サブユニット）（1J5E）
【2009年化学賞】

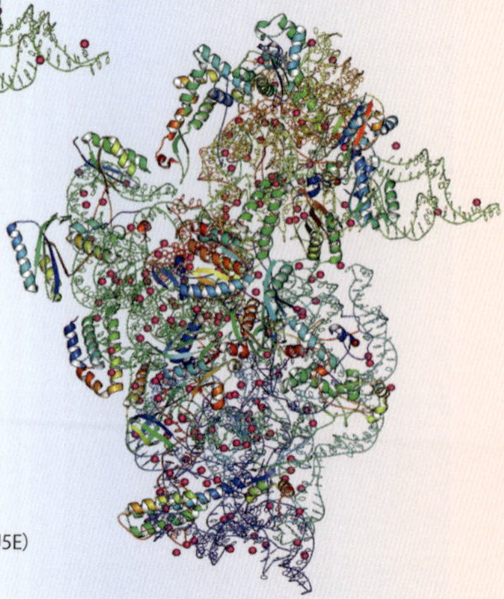

リボソーム（大サブユニット）（1FFK）
【2009年化学賞】

リボソーム（小サブユニット）（1FKA）
【2009年化学賞】

PART 4

タンパク質と神経・脳

15 どうして麻薬にはまるの？

麻薬は脳の報酬回路のシナプス内のドーパミンを増やす

数字は１回分の薬物を得るまでにサルがおこなうレバー押しの回数

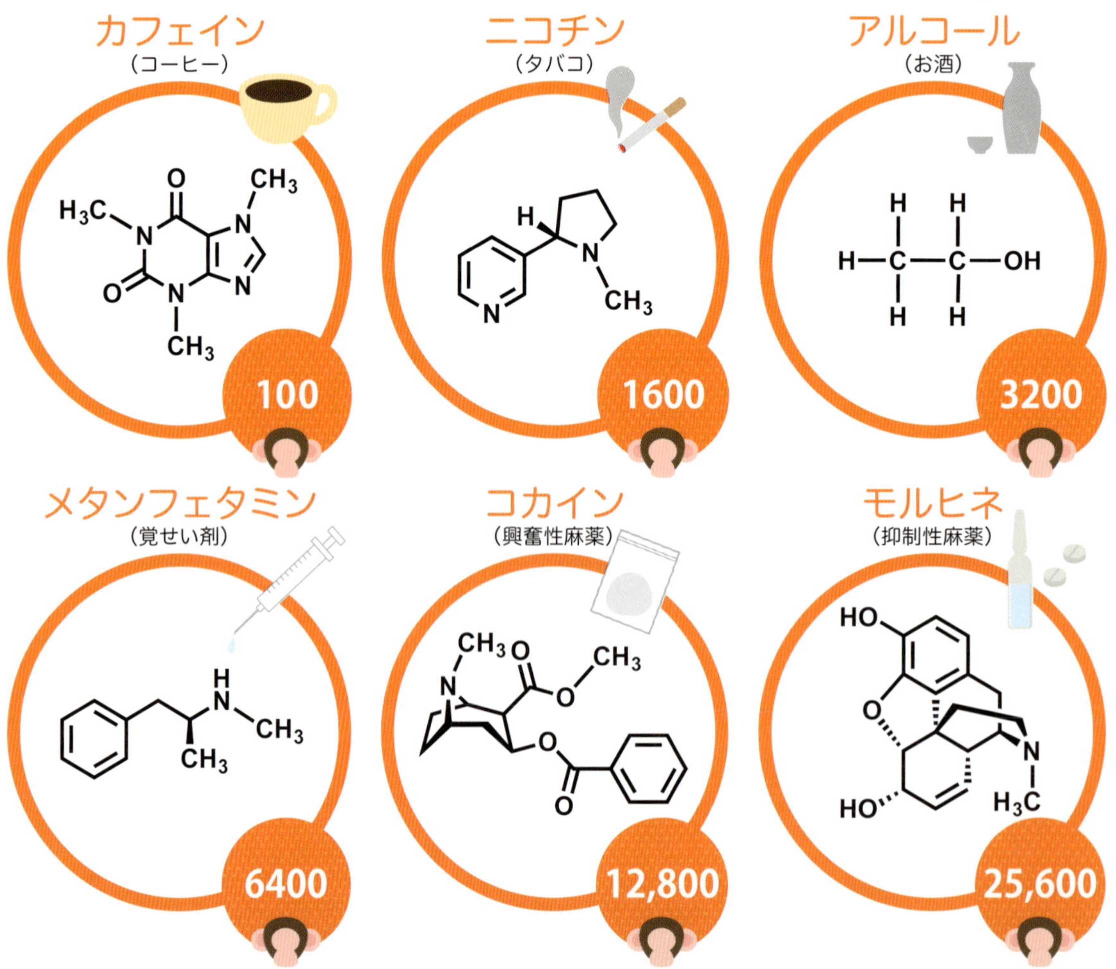

最近，芸能人が麻薬や覚せい剤を使用して逮捕されるというニュースでにぎわっている．麻薬や覚せい剤は不正に入手したものだが，なぜ逮捕されるリスクを知りながら，麻薬に手を出してしまうのだろうか？　それは麻薬が薬物依存症という脳の病気をもたらすからだ．薬物依存症とは，薬物を反復使用しているうちに精神依存および身体依存が生じ，自力では薬物をやめることができない病気をいう．そして，薬物を切らすまいとして何とか手に入れようとする「薬物探索行動」，薬物をやめたいという気持ちがありながらも意のままにならず，薬物を頻繁に使用する「強迫的使用」，薬物を繰り返し使用することによって効果が弱くなり量が増えていく「耐性現象」，薬物を切らすと精神的あるいは身体的にあらわれる「禁断症状」という特徴が出現する．

どのような麻薬があるか

麻薬とは，本来モルヒネやヘロインといった，一部のオピオイド系薬物を指すものだった．ところが最近は不正麻薬として，薬物依存症を引き起こす依存性薬物全般を指すようになってきている．依存性薬物は興奮作用を示すもの，抑制作用を示すもの，幻覚作用を示すものに分類される．これらはすべて強い精神依存をもたらす．

興奮作用を示す依存性薬物には，コカインや覚せい剤であるメタンフェタミンがある．コカインは南米産のコカノキの葉を原料としている．一方，メタンフェタミンは漢方薬で用いられる麻黄にふくまれるエフェドリンから化学的に合成されたものだ．

抑制作用を示す依存性薬物には，モルヒネやヘロイン，大麻などがある．モルヒネやヘロインは，植物であるケシの果実から抽出されたアヘンを精製してつくられる．一方の大麻は，アサ科の１年草である大麻草とその製品を指し，おもな有効成分はテトラヒドロカンナビノールだ．これらは神経を抑制する作用があり，乱用すると強い陶酔感を覚える．

幻覚作用を示す依存性薬物には，LSD（リゼルギン酸ジエチルアミド）や MDMA がある．これらは合成麻薬で，視覚や聴覚を変化させる作用をもつ．乱用すると幻視や幻聴，時間感覚の欠如などの強い幻覚作用が現れる．

麻薬の依存度を調べるには？

麻薬がどれほど強い薬物依存症を引き起こすのかを測定する実験法がある．サルの血管にチューブをつなぎ，レバーを押すと薬が一定量注入される薬物自己投与法という実験法だ（グラフィックス参照）．注入された薬がサルに快感をもたらすと，サルは薬を繰り返し注入するために，レバー押しを繰り返す．このときに，薬が注入されるまでのレバー押しの回数を増やしていくと，薬への依存度の強さによってレバー押しの回数が増えていくわけだ．依存を起こすことが知られているカフェインの場合，100 回レバーを押してようやく１回のカフェインが得られる状態でサルがレバー押しをやめるので，レバー押しの回数は 100 となる．これに対し，ニコチンは

1600，アルコールは3200と強い依存を示す．さらに，覚せい剤のメタンフェタミンは6400，コカインは12,800，モルヒネは25,600と，強烈な依存のパワーをもつことがわかる．サルはこれらの麻薬を得るために10,000回以上もレバーを押し続けるのだ．

麻薬は脳にどう作用するの？

それでは，これらの薬物は脳でどのような作用を引き起こして，薬物依存症となるのだろうか？　覚せい剤や麻薬は脳内の報酬回路に作用する．報酬回路は，腹側被蓋野（ふくそくひがいや）という脳部位から側坐核（そくざかく）と大脳皮質前頭前野へ伸びるドーパミン神経細胞からなる（図1）．覚せい剤とコカインは報酬回路の側坐核に作用する．側坐核では，ドーパミン神経細胞の神経終末で，アミノ酸のチロシンからドーパミンが合成

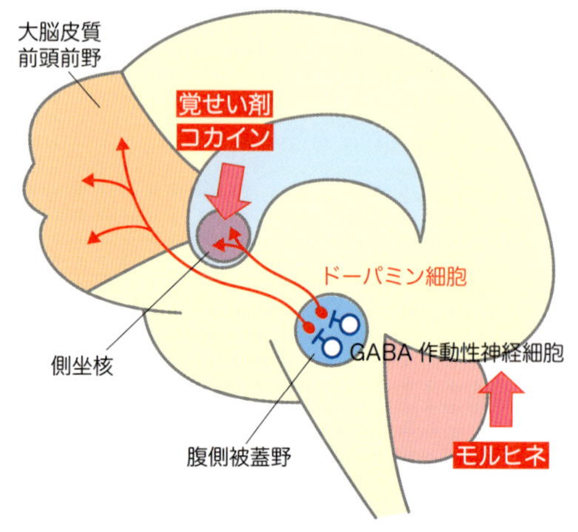

図1　脳の報酬回路と麻薬の作用部位

される．この合成されたドーパミンは神経終末内で小胞モノアミントランスポーター（VMAT2）を介してシナプス小胞に取り込まれ，小胞と神経終末の細胞膜が融合することで，小胞内のドーパミンがシナプスに放出される（図2）．放出されたドーパミンは側坐核にある神経細胞上にあるドーパミン受容体に結合することで情報が伝達される．この情報伝達システムで，報酬に対して快楽を感じている．

シナプスにあるドーパミンは，神経終末にあるドーパミントランスポーター（DAT）によって，神経終末内に再取り込みされる．コカインはDATのドーパミン再取り込み機能を阻害するため，シナプス内のドーパミンを増やし，快楽の情報がより多く伝わることになる（図2左）．覚せい剤であるメタンフェタミンはVMAT2による小胞へのドーパミンの取り込みを阻害して，神経終末内のドーパミンを増やす．すると，DATを通してシナプスへとドーパミンが逆流してしまうため，やはり快楽の情報がより多く伝わることになる（図2右）．

モルヒネは報酬回路のオピオイド受容体に作用する．オピオイド受容体は腹側被蓋野でGABA（γ-アミノ酪酸）を放出しドーパミン神経細胞を抑制する神経細胞（GABA作動性神経細胞）に存在している（図1）．モルヒネのオピオイド受容体への作用によりGABAの放出が抑制され，腹側被蓋野のドーパミン神経細胞への抑制がなくなることによって，ドーパミン神経細胞からより多くのドーパミンが側坐核シナプスへと放出されることになる．その結果，コ

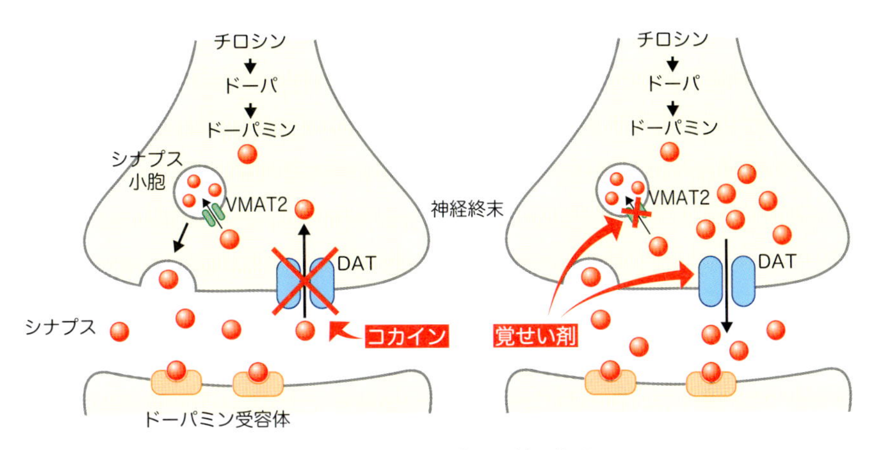

図2　コカインと覚せい剤の作用

カインや覚せい剤とは作用点が異なるが，モルヒネも脳内報酬回路のドーパミンを介して，快楽の情報をより多く伝えるようになる．

オピオイド受容体はモルヒネが結合する受容体として発見された．そしてオピオイド受容体には本来，エンケファリンやエンドルフィンといった神経ペプチドが結合する．エンケファリンやエンドルフィンは痛みをやわらげるといった本来の役割があるが，一方で脳内麻薬ともよばれている．このように，覚せい剤や麻薬は本来，快楽に使われる脳内の報酬回路に作用するため，薬物にはまってしまった薬物依存症の人たちは薬物を使わないと快楽をえることのできない，薬に依存した状態となるのだ．

薬物依存症の神経回路

薬物依存症になると，脳の報酬回路は変化する．麻薬により増えたドーパミンは，長時間にわたって側坐核のドーパミン受容体に結合する．ドーパミン受容体には，いくつかの種類がある．側坐核のドーパミン D1 受容体は，ドーパミンが結合することでシナプスの大きさを増大させ，シナプス上にある神経伝達物質受容体の増加を長期間にわたってもたらす（長期増強）．これにより，側坐核の神経回路のひとつである直接路という薬物依存行動を促進する回路の機能を高め，もとへ戻りにくい状態にする．もうひとつのドーパミン受容体である D2 受容体にドーパミンが結合すると，別の神経回路である間接路の機能を抑える．間接路は薬物依存行動を止める機能をもっている．そのため，麻薬の使用で長時間にわたって側坐核でドーパミンが増えると，間接路の機能が長時間抑えられるため（長期抑制），薬物探索行動を止めることができなくなる．

このように，薬物依存症になると，脳の神経回路が変化して麻薬から抜け出せない状態となるのだ．

16 どうしてネコは暗闇でも目が見えるの？

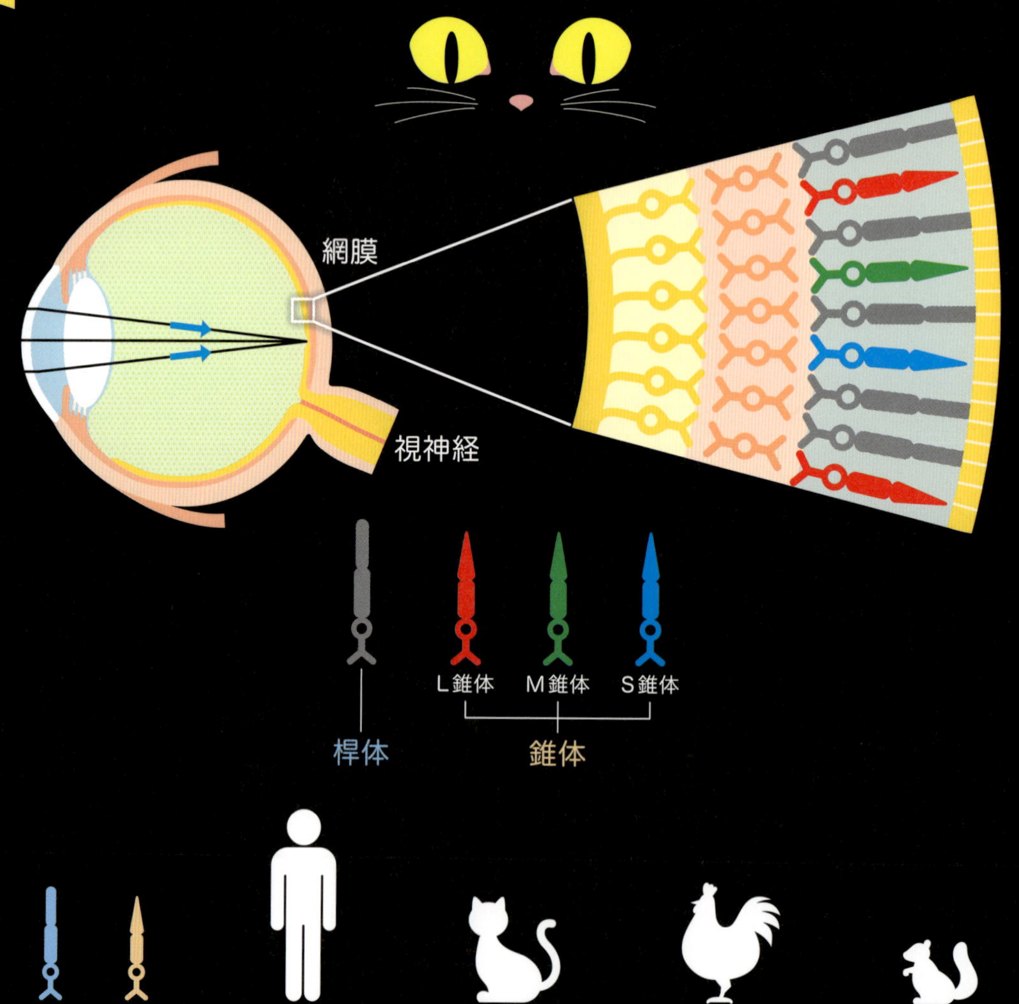

ネコやヒトは，目の奥にある網膜という薄いシート状の組織で光を感じる（グラフィクス参照）．成人の網膜は直径 4 センチメートルくらいで，厚みは 0.3 ミリメートル程度．外界から届いた視覚情報は，網膜の外層にならぶ視細胞でキャッチされて，電気信号へと変換され，網膜の神経回路で情報処理されたのちに，視神経を通って脳へと伝えられる．視細胞には薄暗いところで働く桿体視細胞と，明るいところで働く錐体視細胞の 2 種類が存在する（図 1）．桿体視細胞が 1 種類なのに対し，錐体視細胞はヒトでは 3 種類，ネコやイヌでは 2 種類存在し，色の情報は錐体視細胞によって感知される．

暗いところで物体のかたちはわかるのに色がよくわからないのは，薄暗いところで働く桿体視細胞が 1 種類だからだ．明るいところでの光受容を受けもつ錐体視細胞の感度が低いのにくらべ，桿体視細胞は光に対する感度が非常に高く，ごくわずかな光でも感知できる．ちなみに，映画館のように人が集まるところに掲示されている非常用誘導灯が緑色を基調につくられている理由をご存知だろうか？ 暗いところで機能する桿体視細胞が感知する波長に一番近く，感度が高くて見えやすい色が緑色だからだ．

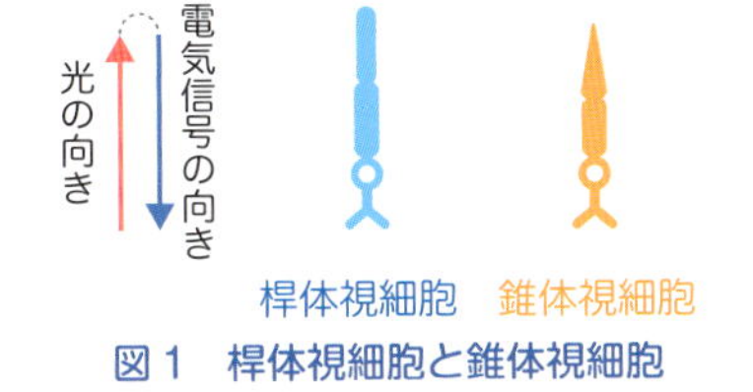

図 1 桿体視細胞と錐体視細胞

光の情報が脳へと伝わるしくみ

視細胞が光を感知するメカニズムを紹介しよう．桿体視細胞にはロドプシン，錐体視細胞にはオプシンとよばれる光を感受するタンパク質が存在している．錐体視細胞のオプシンはヒトでは青オプシン，緑オプシン，赤オプシンの 3 種類，ネコやマウスでは青オプシン，赤緑オプシンの 2 種類がある．ふくまれるオプシンの種類によって，錐体視細胞は青錐体，緑錐体，赤錐体に分類される．

桿体視細胞のロドプシンでも，錐体視細胞のオプシンでも，ビタミン A からできるレチナールが結合している（図 2）．レチナールはロドプシンやオプシンが光を吸収するのに必須なので，ビタミン A が不足するとレチナールが欠乏し，暗い場所でよく見えない夜盲になるのだ．視細胞の外節という棒状の構造にあるロドプシンやオプシンが光を受けると，11-シス型レチナール（図 2，緑）が全トランス

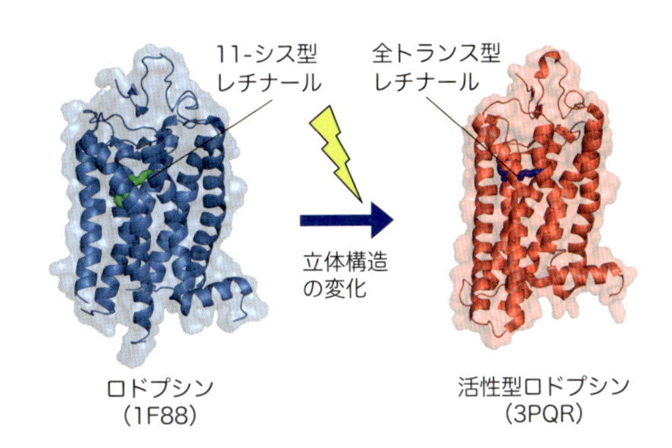

図 2 光によるロドプシンの構造変化

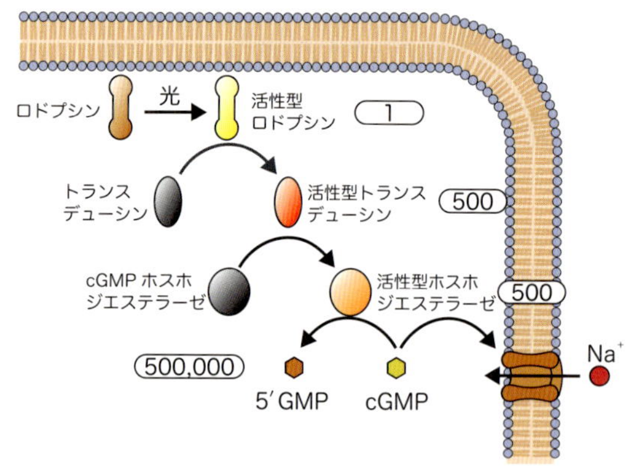

図 3　視細胞が光を感知するメカニズム
数字はシグナルの増幅率を示している.

型レチナール（図 2，青）に変化することでタンパク質全体の立体構造も変化して活性化状態となり，隣にくっついているタンパク質であるトランスデューシンを活性化する（図 3）．活性化されたトランスデューシンは，cGMP ホスホジエステラーゼという酵素を活性化する．活性化された cGMP ホスホジエステラーゼはサイクリック GMP（cGMP）を分解する．次つぎと忙しいが，このようになだれ式に酵素が活性化されるメカニズムはカスケード（階段滝）とよばれ，カスケード式のタンパク質の活性化によってシグナルの増幅が実現する．続いて cGMP が分解されると，視細胞の外節の外側の膜にある，cGMP によって開かれた陽イオンを通すチャネルタンパク質が閉じる．これにより，外節への陽イオンの流入量が減る．最終的には，視細胞の電気的な状態（電位）がよりマイナスの方向へシフトすることで，次の双極細胞とよばれる神経細胞に情報が伝えられる．光の強弱に応じて，視細胞の電位はさらにマイナスの状態へシフトする．

こうしたしくみによって，光の強弱という情報のアナログ性は保たれたまま，光の情報が視細胞の電位の情報に変換される．光が電気の情報になったことで，網膜のなかにある回路では，外界から受けた光の情報が電気の情報として処理ができるようになる．最終的に網膜から脳へと視神経を通じて情報を送るにしても，距離が遠いため，アナログ情報のままでは不都合となる．こうして情報処理されたアナログ情報は，網膜の神経節細胞とよばれる網膜回路の最終段階の神経細胞でデジタル信号に変換される．網膜から脳には，このデジタル信号が情報として伝えられる．わたしたちの身体は，ものを見るためにも，とても合理的でよくできたしくみが働いているようだ．

ネコのもつ特殊な目のしくみ

さて，ネコはどうして暗闇でも見えるのだろうか？　ただし暗闇とはいえ，物理的に完全な暗闇ではネコといえども，さすがに見えない．ネコや人間の生活のなかで，完全な暗闇という状態はあまり存在せず，真っ暗とはいっても，ごく微量の光が存在するという状態がほとんどだ．

ネコが暗闇でも見えるのには，いくつかの理由がある．まず，ネコは身体のサイズに比べて，比較的大きな目をもっている．目が大きいと，より多くの光を受け取ることができる．そのうえ，ネコは人間

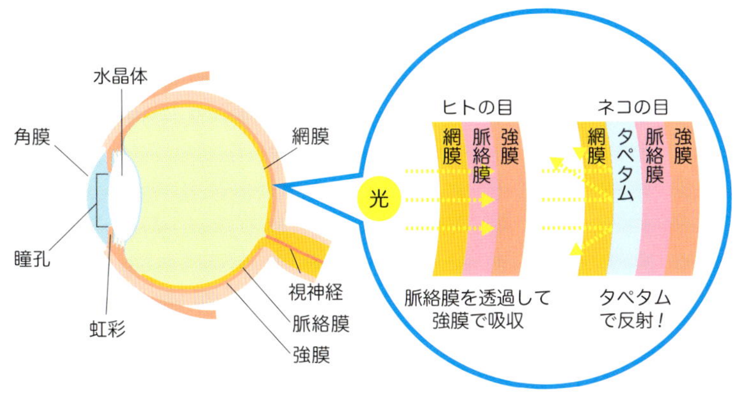

図4　目の構造（ヒト，ネコ）と網膜の下にタペタムをもつネコ

などに比べて10倍以上も瞳をより大きく開くことができるといわれている．瞳が大きく開くほど，より多くの光を受け取ることができるわけだ．こうして受け取った光は，前述したように網膜の視細胞で感知される．ネコの網膜では，視細胞のうち錐体視細胞に比べて感度が高い桿体視細胞の占める割合が高い．このため，ネコの目は，より有効に光を利用することができるのだ．

さらに，ネコが暗いところでもよく見えるのには，もうひとつのしくみがある．網膜の後ろ側に，夜行性動物に備わっている光を反射させるタペタム（tapetum，タペータムともいう）とよばれる反射層がある（図4）．タペタムは網膜と網膜に栄養を送る働きのある脈絡膜とのあいだにある．ヒトやサルなどの霊長類では，透明な網膜を光が通過していくので，視細胞に光がキャッチされるのは基本的に1回だけだ．ところがタペタムがあると，反射された光をもう一度視細胞でキャッチさせることができ，これによって感度が増すのだ．このしくみは暗いところで見た映像を，より鮮明に見せる働きをもっている．

暗いところでネコの目が光っているのを見たことがあるだろう．タペタムで光が反射されるため，目が光って見えるのだ（図4）．タペタムには亜鉛がふくまれている．亜鉛は，光を反射する性質を利用して，以前は青銅鏡にも使われていた．つまり，タペタムはネコの目のなかにある鏡といえるかもしれない．ちなみに，人間の目がストロボ写真などで赤く写ることがあるのは，網膜にある血管が赤く写っているためだ．

わたしたちが「もの」を見るのに，さまざまなタンパク質がとてもよくできたしくみのなかで働いている．ものを見るというのはあたり前のことではなく，とても複雑で奥深い生命のメカニズムなのだ．

17 音はどのようにして聴こえているの？

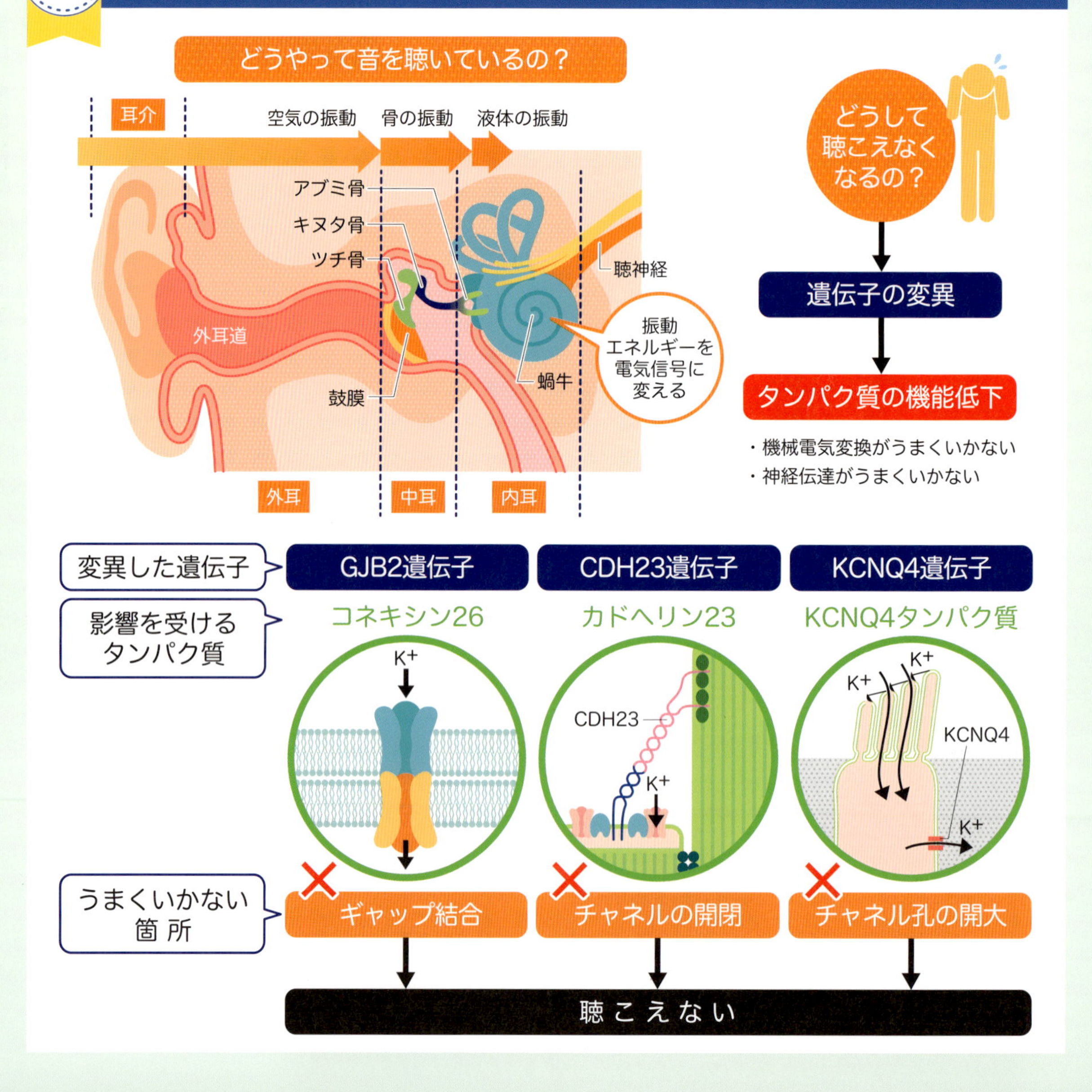

お母さんの子守歌は胎教によいとはよくいわれるが，そもそもお母さんの声はお腹のなかの赤ちゃんに届いているのだろうか？　耳の構造は大きく外耳・中耳・内耳に分けられる．生まれたての新生児の外耳や中耳は機能的には成熟しているものの，形態的には成人に比べるとかなり小さい．一方で内耳は胎生 24 週にはすでに形態が完成し，成人と同じ大きさにまで発達している．胎生 24 週では神経はまだまだ未発達だが，お母さんの声は赤ちゃんには何かしらの音として聴こえているのかもしれない．

さて，外耳・中耳・内耳はそれぞれどんな役割を果たしているのだろうか？　簡単にいえば，外耳・中耳は音の通り道，内耳は音の振動を電気信号に換える〔機械電気変換（MET）〕ところだ．この外耳・中耳は単なる音の通り道ではない．外耳道では屈曲した構造による共鳴のため，そして中耳ではつち骨，きぬた骨，あぶみ骨という 3 つの耳小骨の巧みな連鎖により，音が増幅されているのだ．内耳は聴覚を担当する蝸牛と，平衡感覚を担当する前庭に分けられる．蝸牛から脳までは神経が伸びており，電気信号が脳へと伝えられる．

一般に，聴こえないことは「難聴」とひとくくりにされているが，実は大きく分けて 2 種類ある．外耳・中耳が原因の「伝音難聴」と内耳や神経が原因の「感音難聴」だ．たとえば，鼓膜の損傷や中耳炎は伝音難聴を，加齢や騒音，遺伝子変異，原因不明の突発性難聴などは感音難聴を引き起こす．ここでは内耳について，聴こえとタンパク質の関係を見ていこう．

音の聴こえと蝸牛の役割

蝸牛は，かたつむりのような渦巻き状をしていることに由来してつけられた管状の臓器だ．脳へと続く蝸牛神経が走る蝸牛軸を中心に，ヒトではその周りを管が 2 回転半巻いている．この蝸牛で，振動エネルギーは電気信号へと変換される．このときに，大きなエネルギーが必要となる．このエネルギーは，いったいどこからくるのだろうか？

蝸牛の管の内部はライスネル膜と基底板という膜によって，前庭階，中央階，鼓室階の 3 つに分けられる（図 1）．このうち中央階は内リンパ，前庭階と鼓室階は外リンパという液体でそれぞれ満たされている．内リンパと外リンパでは，その成分と電位が大きく異なる．中央階を満たす内リンパはカリウムイオン（K^+）の濃度が高く高電位だ．一方の外リンパのカリウムイオン濃度は低く，電位をもたない．内リンパのもつ高電位の状態こそが「内リンパ電位」であり，蝸牛がその機能を果たすための動力源となる．

では，この内リンパ電位はどのようにつくられているのだろうか？　そこには，実に複雑で巧妙なしくみがある．鍵となるのは，中央階の外側の壁でおこなわれるカリウムイオンの能動輸送だ．中央階の外側の壁にはらせん靭帯と血管条とよばれる上皮構造がある．らせん靭帯内の細胞は，隣接する細胞どうしで物質が移動できるようにする「ギャップ結合」で連結されている（図 2）．カリウムイオンはこれらの細胞内を通って血管条内腔というすき間に放出さ

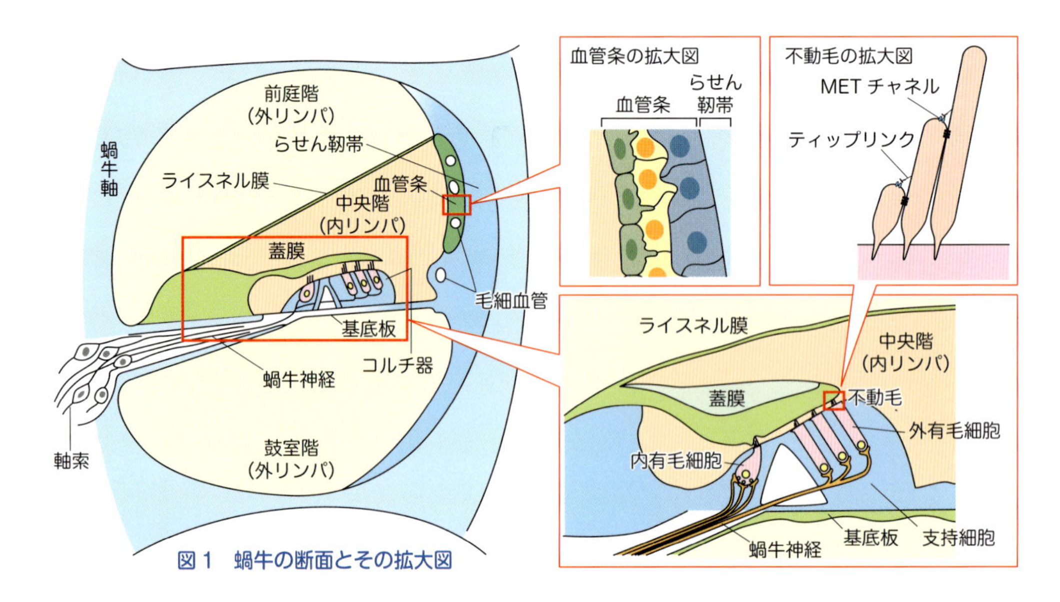

図1　蝸牛の断面とその拡大図

れる．血管条では，ナトリウムイオン（Na^+）とカリウムイオンを交換するポンプ（Na^+-K^+ 交換ポンプ）や，ナトリウムイオン，カリウムイオン，塩化物イオンを細胞内に取り込む膜タンパク質である共輸送体（Na^+-K^+-$2Cl^-$ 共輸送体）が血管条内腔からカリウムイオンを積極的に取り込み（能動輸送），膜タンパク質「カリウムイオンチャネル」の働きで，カリウムイオンだけを中央階へと放出する．こうして，内リンパにはカリウムイオンがどんどん集まり，その結果，高カリウムイオンで高電位な状態となる．

有毛細胞での機械電気変換のしくみ

次に内リンパの高電位を利用して，「有毛細胞」とよばれる感覚細胞が機械電気変換をおこなうしくみを見ていこう．中央階にある基底板には，内有毛細胞と外有毛細胞という2種類の有毛細胞と，それを取り囲む支持細胞が配置されている．内有毛細胞は脱分極によって音刺激を神経へと伝える．一方の外有毛細胞は音刺激が弱い場合に細胞自体が収縮することで音刺激を増幅させ感度を高める．こうした機能的な違いは少しあるものの，有毛細胞が機械電気変換をおこなうしくみは同じだと考えられている．

内有毛細胞と外有毛細胞の上部には，複数の階段状に配列する不動毛がある（図1）．有毛細胞とそれを支える基底板が振動すると，不動毛は短いほうから長いほうへと倒れる．これにより，不動毛の先端にある MET チャネルの孔が開き，内リンパに豊富に蓄えられたカリウムイオンが有毛細胞内へ流入すると，電位が逆転して細胞は脱分極する．つまり，内リンパ電位は有毛細胞へのカリウムイオン流入の

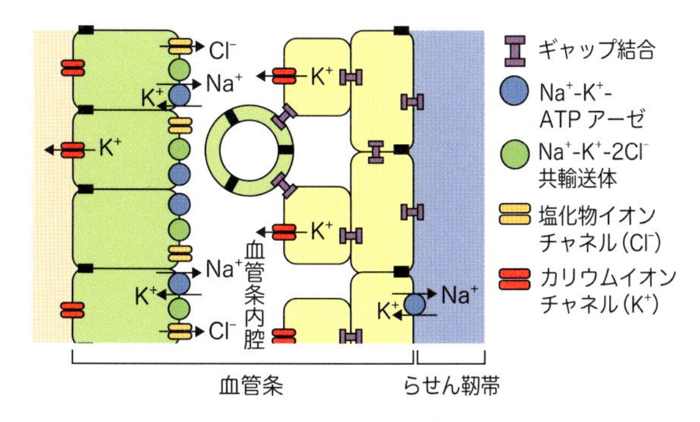

図 2　血管条とらせん靭帯のあいだのイオンの行き来

駆動力を増大し，より感度の高い聴こえを可能にしているのだ．さらに有毛細胞に流入したカリウムイオンは，イオンの濃度差によって細胞の側底膜にあるカリウムイオンチャネルから細胞外へ排出される．排出されたカリウムイオンはらせん靭帯に取り込まれ，ギャップ結合を介して血管条へ戻り，再利用される．このカリウムイオンのリサイクルシステムが，内リンパ電位がつくられたり維持されたりするのに重要な役割を果たしている．

先天性難聴の原因となる遺伝子

出生時にすでに難聴である「先天性難聴」は 1000 人に 1 人の割合で発症する，先天性疾患のなかではもっとも頻度の高い病気だ．先天性難聴のうちの約 50% が遺伝性難聴，つまり遺伝子の変異によって生じる難聴であると推測されていて，この遺伝性難聴の原因として現在 100 種類以上の遺伝子が報告されている．遺伝子が変異すると，その遺伝子からつくられるはずのタンパク質の機能が低下するため，蝸牛での機械電気変換や，その後の神経伝達がうまくいかなくなり，難聴となる．

では，代表的な難聴の原因遺伝子からつくられるタンパク質の機能について見ていこう．日本では，いくつかの遺伝性難聴のうち，GJB2 遺伝子が頻度の高い難聴として知られている．この遺伝子からつくられるタンパク質はコネキシン 26（Cx26）とよばれ，ギャップ結合を形成する．ギャップ結合は前述のように，カリウムイオンのリサイクルシステムに大きく関与している．GJB2 遺伝子が変異して Cx26 の機能が低下すると，カリウムイオンのリサイクルシステムが妨げられて難聴を発症する．

日本で比較的頻繁に見つかる遺伝性難聴の原因遺伝子に，CDH23 遺伝子と KCNQ4 遺伝子がある．CDH23 遺伝子からつくられるタンパク質カドヘリン 23 は，有毛細胞不動毛の先端どうしを結びつけるティップリンクをかたちづくっている．ティップリンクは MET チャネルと直接結合して開閉していると考えられており，その開閉がうまくいかないと，有毛細胞は機能しない．また KCNQ4 遺伝子からつくられる KCNQ4 タンパク質は，有毛細胞の側底膜に存在するカリウムイオンチャネルを構成し，チャネル孔の開大に関与しているようだ．ここでは，おもに蝸牛で機能するタンパク質の一部を紹介した．実際にはさまざまな種類のタンパク質が協調して働くことで，感度の高い聴こえが可能になっている．聴覚にかかわるタンパク質の種類や機能，そして難聴の治療開発に関する研究が現在も進められている．

18 タンパク質がオスとメスの性行動の違いをつくるの？

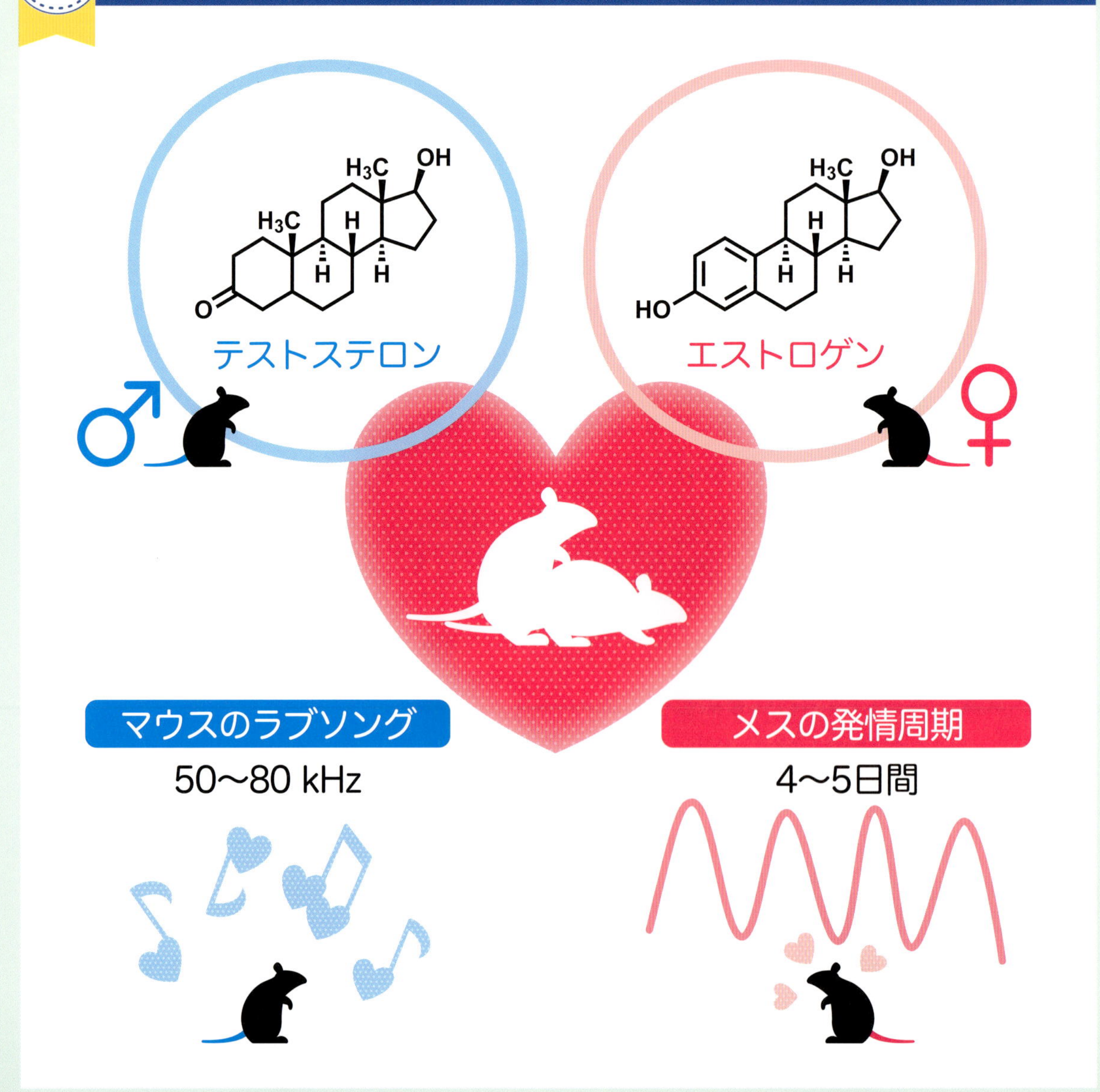

すべての生物は，その一生のなかで，自分とは別個体である子孫を残すための生殖活動をおこなう．そして多くの動物では，性行動時にオスとメスとで明らかな行動の性差を示す．その場合，オスのほうがより主導的な役割を担っているようにみえるが，実際はどうなのだろうか？　さらに，性行動に雌雄差があることは，行動を司る脳の構造にも違いがあることを意味するのだろうか？　また，脳の構造に雌雄差があるのなら，どのようにつくられるのだろうか？　そこには，どのようなタンパク質や分子が関係しているのだろうか？

ここでは，ほ乳類のなかでもマウスやラットの性行動と，その神経回路基盤の雌雄差について紹介するとともに，これらの雌雄差にどのようなタンパク質や分子がかかわるのかを見てみよう．

マウスやラットの性行動

マウスやラットでは，性的に成熟したオスはメスに出会うと，まず匂い嗅ぎ行動をはじめる．この行動によってオスは出会った相手の性を区別したり，「性的な成熟度合い」や「交尾の可能性」を判断したりしていると考えられている．実際に「フェロモン」とよばれるほかの個体に対して性行動を誘発する，または性的な成熟度を示すとされる化学物質が分泌される口元や生殖器部分に対して，繰り返し匂い嗅ぎをする行動が見られる．この匂い嗅ぎ行動をするとき，メスが性的に成熟していて交尾できる場合には，メスもオスの生殖器部分の匂いを嗅いだり後を追ったりするなど，オスの気を引くような行動が見られる．こうしたメスによる匂いや誘惑行動といった外部からの刺激は，オスを性的に興奮させる重要な刺激となっている．さらに匂いだけでなく，性行動がはじまるまでのあいだに，互いに超音波帯の鳴き声をだして意思疎通を図り，性的な興奮を高めていく．

まずオスはマウントという性行動をメスに対して仕掛ける．これはメスの膣にペニスを挿入させるためにおこなわれる．このとき，メスが交尾できる状態でない場合には，メスはオスに対して鳴き声をあげたりオスを振り払ったりと，非協力的で拒絶の態度を示す．メスの非協力的な行動が続くと，オスの性的な興奮は次第に冷めていき，性行動は見られなくなる．

一方で交尾が可能な場合には，メスはオスを受け入れる姿勢を取り，ペニスが挿入しやすいように，生殖器部分の位置を調節する行動を示す．これはメスに特有な性行動で，ロードシスとよばれる．こうしてオスはペニスの膣への挿入に成功すると，イントロミットという，マウント行動よりも深くゆっくりと腰を押し振り，次の段階の行動へと移っていく．この行動は，10～数十秒間ほど続く．

性行動の終わりは，オスの射精で締めくくられる．射精に達するまでに，マウント → イントロミットという一連の行動は一度だけ起こるのではなく，十数回ほど繰り返される．射精時に，オスはペニスを膣へ挿入したままメスの腰部をしっかりとつかむ．それと同時に，イントロミットをふくむすべての動

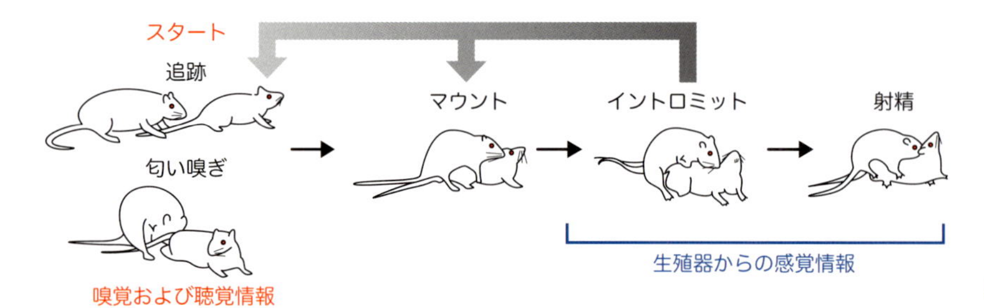

図１　マウスの性行動

きをやめて，横倒しになる．このあいだに射精がおこなわれる．一度射精するとオスは性的に満足し，次の性行動をはじめるまでに数時間から１日以上の時間が必要になる．一方のメスは，オスの精液が膣内で固形化して栓のようになるため，ただちにほかのオスと交尾をすることができなくなる．

こう説明すると，オスの一方的なペースで性行動の開始と終了が決まり，メスは受け身な立場に置かれているようにみえるかもしれない．だが，前述したようにメスが交尾できる状態でない場合には性行動が進まないので，オスとメスの互いの協力によって，性行動ははじめて成立するといえる．

性による脳の違いはどこで生まれるか

さて，ラットやマウスではオスとメスとで明らかに性行動のパターンが違っているが，それぞれの行動の中枢は，脳内の別べつの場所に位置している．性行動での脳の中枢は，ほかの生存に必要となる本能行動と同じように，大脳の中心下部に位置する視床下部とよばれる場所にある．視床下部の一部である内側視索前野（ないそくしさくぜんや），そして腹内側核腹外側野（ふくないそくかくふくがいそくや）がオスまたはメスの性行動を制御している．脳の破壊実験や電気刺激実験によって，これらの脳の部位は，マウスやラットだけでなくネコやサルでも性行動の中枢として機能していることがわかっている．また，これらの脳部位は匂いや鳴き声といった相手からの信号や情報を受け取ることで活性化されるとともに，性器からの感覚がフィードバックされることで，性行動を調節していると考えられている．さらにマウスやラットでは，オスとメスで細胞数や形態に差が見られ，これらは性的二型核とよばれている．

このような性差による解剖学的な脳の構造とそれに由来する行動の違いは，性ホルモンとそれに関連する受容体や分泌タンパク質によってつくられる．男性ホルモンであるテストステロンは精巣で，女性ホルモンであるエストロゲンは卵巣で合成され，それぞれのホルモンに対応した受容体は，前述した脳の視床下部などに分布している．

ただし，性ホルモンが脳の性分化に果たす役割は少し複雑だ．つまり，ほ乳類の脳はメス型がデフォルトであるとされ，出生前後に本来作用すべき性ホルモンが存在しないと，メス型の脳へと分化する．たとえばラットの内側視索前野には，オスのほうが細胞数の多い性的二型核（sexual dimorphic nucleus；SDN）という神経核がある．メスでは，この核を構成する神経細胞の多くは細胞死を起こすためにオスに比べて小さな神経核となる．一方のオスでは，生後10日間までに精巣でつくられたテストステロンが脳へ運ばれて神経細胞に作用し，細胞死を免れることで，より大きな神経核が形成されるようになる．しかし，このときテストステロンはそのままで作用するわけではなく，一度，神経細胞に発現するアロマターゼという酵素によって，女性ホルモンであるエストロゲンに変換されたのちに，エストロゲン受容体と結合し，細胞死を抑制する．メスの場合には卵巣からエストロゲンが分泌されるが，同時期に肝臓から分泌されるαフェトプロテインと結合することで，脳内に入ることはなく，脳の雌雄差には影響しないと考えられている．

成熟期の雌雄差

さらに，性ホルモンは発達期における脳の雌雄差をつくりだすだけでなく，個体が成熟したのちも，性周期や性行動の動機づけなど，性行動に深くかかわる働きをしている．実際に，人為的に性ホルモンのバランスを操作すると，雌雄間の脳の構造や性行動の変化が観察されている．ラットでは，生後直後のオスを去勢して精巣からのテストステロンが分泌できないようにすると，内側視索前野のSDNはメスのラットのように小さくなる．また，このオスが

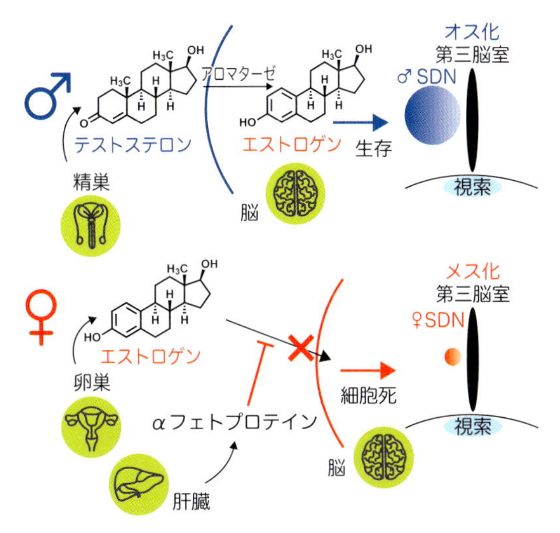

図2　性ホルモンの性分化への作用機序

成熟したのちにエストロゲンとプロゲステロンを投与すると，通常では見られないロードシスが誘発されるようになる．逆にメスに出生後間もなくテストステロンを投与すると，SDNはオスと同じくらいまで大きくなる．また，成熟後に避妊と併せてテステストロンを与えると，本来は見られないマウント行動を示すようになる．

このように，性ホルモンは脳や性行動の雌雄差の形成に重要な役割を果たしていることは示されているが，「発達期に形成された性的二型核が，成熟後の性行動にどのような役割を果たすのか？」「成熟後の性ホルモンが，どのようにそれぞれの脳部位の神経細胞に働き，性行動を誘導しているのか？」といった疑問がまだ残っており，今後の研究の進展に期待したい．

19 痛みはどのようにして感じるの？

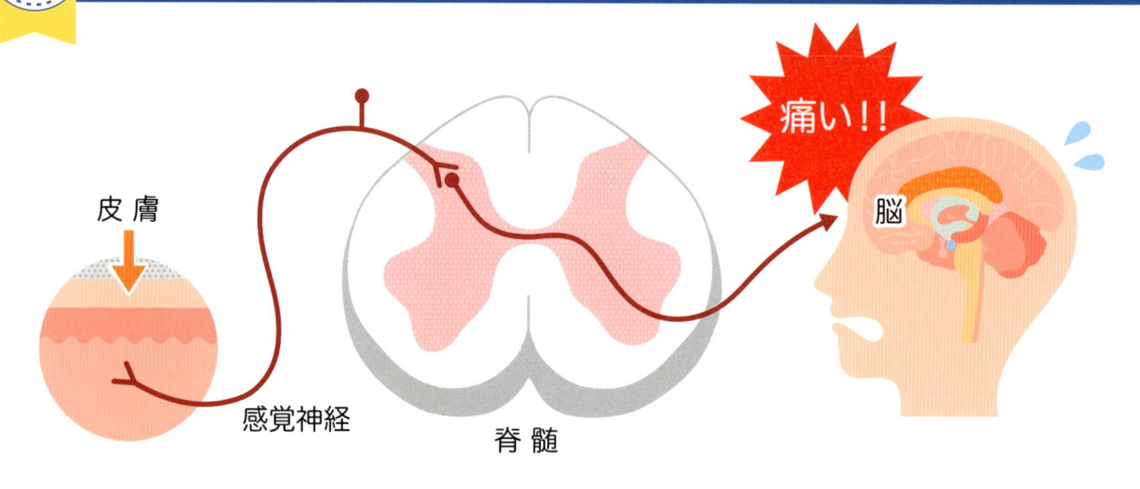

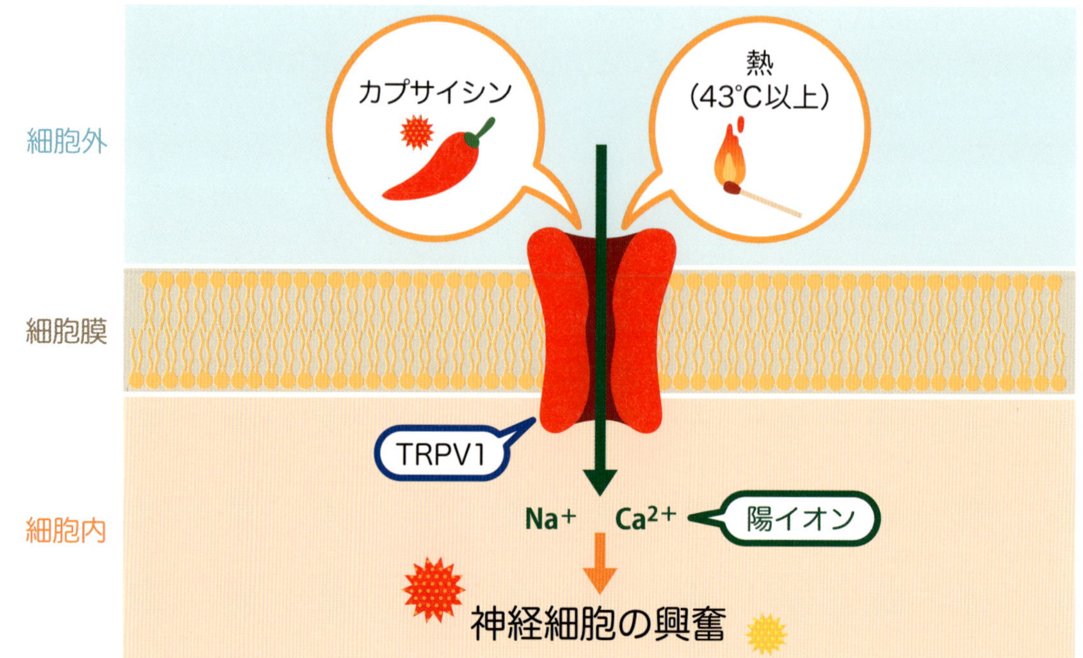

わたしたちはなぜ痛みを感じるのだろうか？　痛覚は，生物が生存するためにもつ警告反応，あるいは防御機構と考えられている．たとえば，風呂に入るときに湯の温度を適温に設定したはずなのに，機械の故障などの何らかの理由によって，熱湯になっていたとしよう．わたしたちはこのような熱湯に触れると，熱いものを食べたときのように，突き刺すようなチクチクとした痛みを感じるため，入るのを避けるだろう．しかし，痛みがなければ誤って熱湯のなかに入ってしまい，大やけどを被ることになりかねない．

この痛みを引き起こす刺激は「侵害刺激」とよばれ，侵害受容器（神経細胞）で受容される．侵害受容器は3種類に分けられ，さきほどの熱湯や熱せられた鉄板など，熱刺激に対する熱侵害受容器，皮膚をつねったり刺したりといった機械刺激に対する機械侵害受容器，刺激性化学物質に対する化学侵害受容器が存在する．今回は，このうち熱侵害受容器を例に詳しく見ていこう．

タンパク質にとって有害な熱刺激

そもそも，なぜ熱は生体にとって有害で，避けなければならない対象なのだろうか？　さまざまな理由が考えられるが，ひとつの理由としてタンパク質が深くかかわっている．いうまでもなくタンパク質は生命の中心的な役割を担っており，エネルギーの産生，物質の合成に関与する酵素タンパク質，細胞骨格の形成や維持を担う構造タンパク質，細胞内物質輸送を制御する輸送タンパク質などが存在している．タンパク質は熱によって変性し，熱で立体構造が崩れると，その機能が障害されてしまう．このため，熱は生体にとって有害になる．もともとは透明だった卵白が焼いたり茹（ゆ）でたり熱を加えることで白く固形化する現象は，熱によるタンパク質の変性を示す例としてよく知られている．

では，わたしたちはどのようにして熱さや冷たさを感じるのだろうか？　熱さや冷たさは，皮膚の下に張り巡らされた感覚神経で感知している．温刺激を感知する神経は，温度が上がるにつれて活動の頻度が上昇し，温度変化がなくなると活動は減少する．一方，冷刺激を感知する神経は，温度が下がるにつれて神経活動の頻度が上昇し，温度変化がなくなると活動が減少する．少し温度が高めの風呂に入ったときに最初は熱さを感じるが，入っているうちに気持ちがよくなることはないだろうか．また逆に，少し温度の低いプールや海に入ったときに，はじめは冷たさを感じるが時間が経つにつれてだんだんと慣れてくる感覚からも，経験的に理解しやすいはずだ．これらとは別に，高温や低温に対して痛みを感じる感覚神経も存在している．高温や低温の侵害刺激を感知する神経は，普段の環境の温度では反応しないが，10℃を下回ったり，43℃を上回ったりすると，神経の活動頻度が上昇し，熱侵害刺激がなくなるまで持続する．

外界の温度はこれらのような性質の異なる4種類の神経によって感知され，感覚神経の興奮は脊髄を経て最終的には脳へと伝達され，温度や痛みの情報として認知される．

カプサイシン受容体の正体

これらの刺激はどのようにして神経細胞を興奮させているのだろうか．考えるうえで鍵となるのは，イオンチャネルだ．細胞膜は脂質で構成されており，細胞の内外で自由にイオンの行き来はできない．細胞膜にはイオンチャネルという膜を貫通するタンパク質が存在している．通常，細胞内の電位は低い状態だが，イオンチャネルが開くと細胞内に陽イオンが流入するため電位が上昇し，神経細胞は興奮する．トウガラシの主成分カプサイシンは熱の侵害刺激を受容するのと同じ感覚神経を興奮させるが，このカプサイシンはイオンチャネルを活性化させ，陽イオンの流入を促進することが知られていた．遺伝子工学技術の発達により，1997年にカプサイシン受容体の実体がTRPファミリーに属するTRPV1（トリップ・ブイワン）というイオンチャネルだとわかった．*trp* 遺伝子はショウジョウバエの眼の光受容に異常が生じる変異体の原因遺伝子として1989年に同定されていた．TRP（transient receptor potential）という名前は，この変異体が光刺激に対して受容器電位（receptor potential）が一過性（transient）であることに由来している．ちなみにVはバニロイド（vanilloid）の頭文字で，カプサイシンがバニリル基をもっていることによる．

TRPチャネルタンパク質は細胞膜を6回貫通する構造をもち，アミノ酸の両端は細胞内に位置して四量体を形成し，チャネルとして機能している．TRPV1を外から細胞に発現させ，カプサイシンで刺激すると，強力な電流が流れた．さらにTRPV1

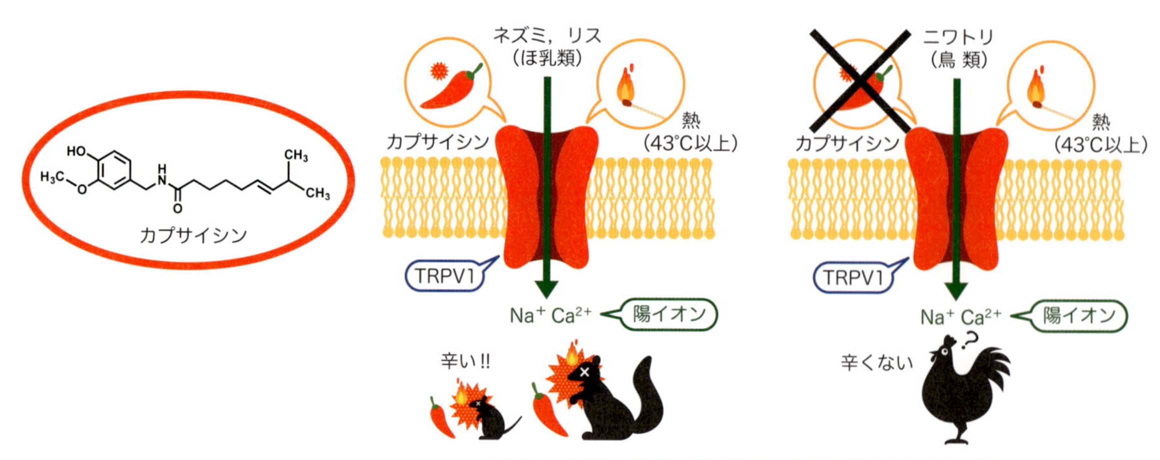

図1　ほ乳類と鳥類におけるTRPV1受容体の応答の違い

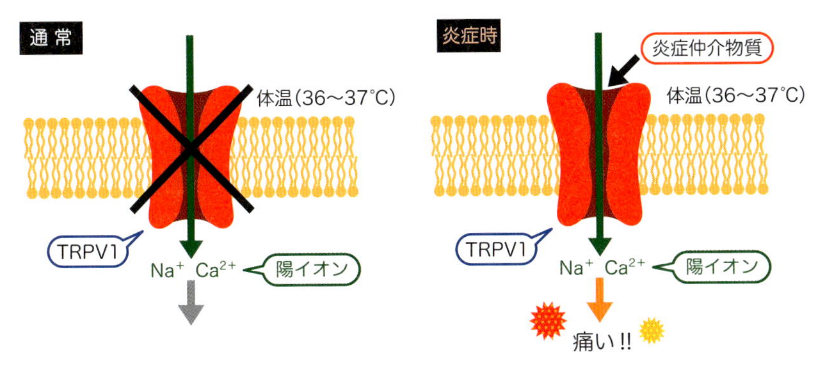

図2　炎症による疼痛のしくみ

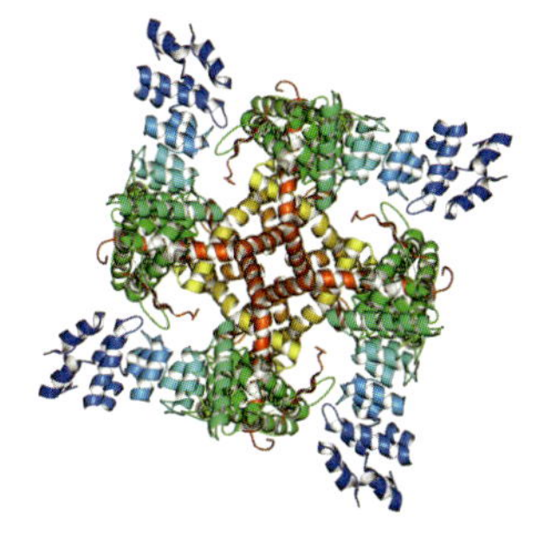

図3　TRPV1 チャネルの立体構造(3J5P)

は 43 ℃以上で活性化されることから，高熱に対する受容器であることもわかった．また，TRPV1 を欠損させたマウスでは，カプサイシンによる痛みに対する反応が起こらず，熱侵害刺激に対する反応が減弱した．このように TRPV1 の機能は，生体においても確かめられた．

余談だが，ニワトリの TRPV1 は熱の刺激に対しては反応するが，カプサイシンには応答を示さない．すなわち，ニワトリにとってトウガラシは辛くないものだと考えられている．トウガラシはカプサイシンのおかげでほ乳類に食べられることを避け，鳥類によって捕食されその糞にふくまれる種子により，種の保存に成功してきたのかもしれない．逆にインコなど鳥類の餌にカプサイシンを混ぜておけば，ネズミやリスなどに横取りされるのを防ぐ効果が期待できる(図 1)．

TRPV1 の温度感受性は基本的に 43℃以上だが，これは必ずしも一定ではない．詳細は省略するが，たとえば炎症時には TRPV1 のタンパク質の性質が変わり，30℃付近でもチャネルが開き，陽イオンが流入することが知られている．その結果，炎症時には体温付近でも TRPV1 が活性化してしまうため，炎症による疼痛を引き起こしていると考えられている(図 2)．

ここまで感覚神経に存在する TRPV1 というチャネルタンパク質が，痛み感知の入り口として機能することを説明してきた．2013 年末にはこの研究の大きな進展が見られ，2017 年のノーベル化学賞でも話題になったクライオ電子顕微鏡により TRPV1 チャネルの立体構造が明らかになった (図 3) (05 章参照)．今後の研究の展開として，高熱やカプサイシンにより TPPV1 チャネルが開き，痛みを感知するメカニズムが構造生物学的アプローチを加えることで統合的に理解されると期待されている．

❖ タンパク質ずかん❸ 大阪大学蛋白質研究所発のタンパク質（その1）❖

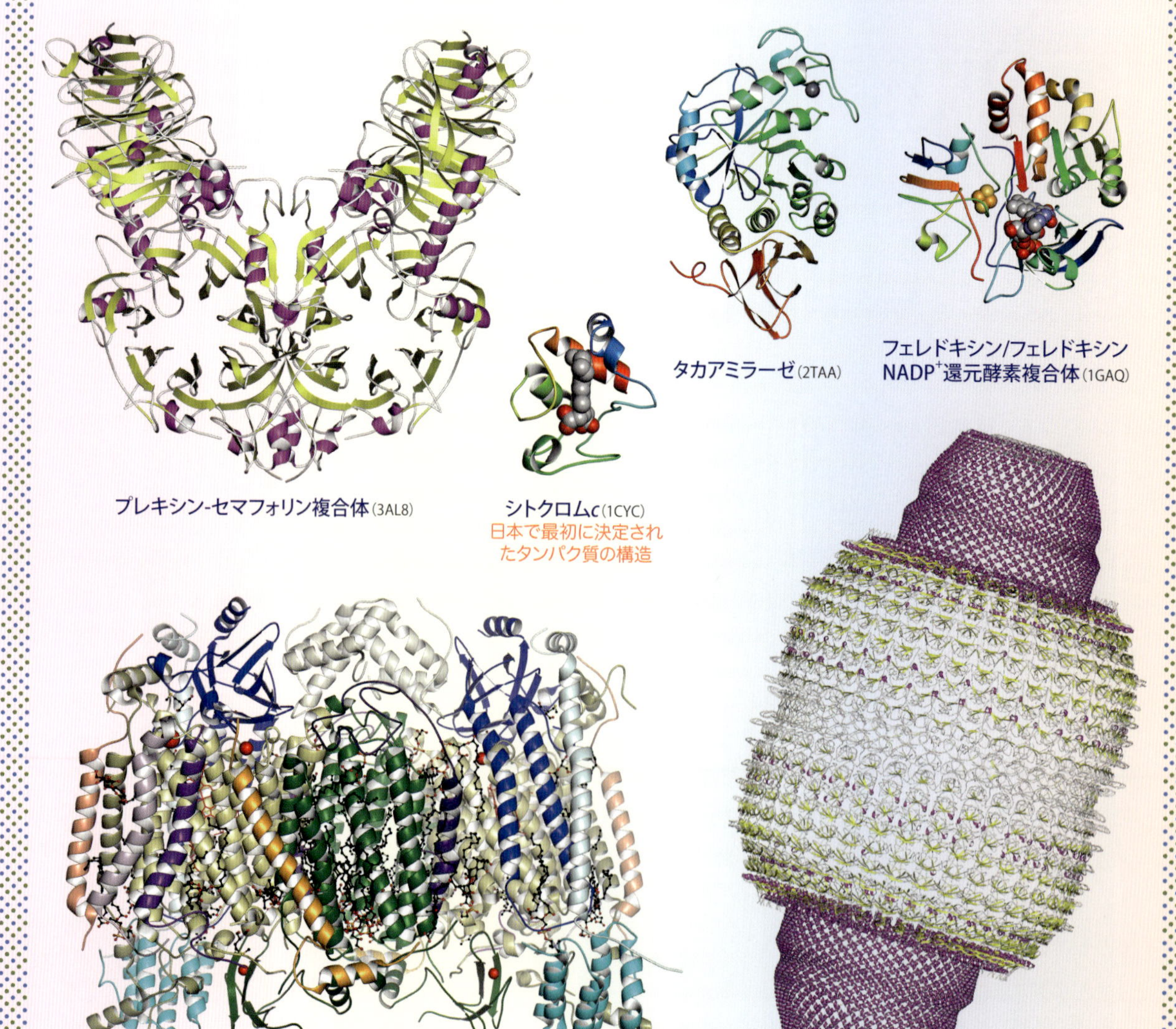

プレキシン-セマフォリン複合体（3AL8）

シトクロム*c*（1CYC）
日本で最初に決定されたタンパク質の構造

タカアミラーゼ（2TAA）

フェレドキシン/フェレドキシンNADP$^+$還元酵素複合体（1GAQ）

シトクロム酸化酵素（1V54）

ボルト（4V60）
核酸タンパク質複合体

PART 5
タンパク質と病気

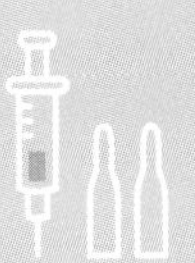

20 どうしてアルツハイマー病になるの？

物理化学的な過飽和現象

生物学的なトリガー

原因タンパク質によって溶解度は異なる

原因タンパク質, 組織, 個体によってトリガーは異なるが詳細は不明

タンパク質のアミロイド形成と病気

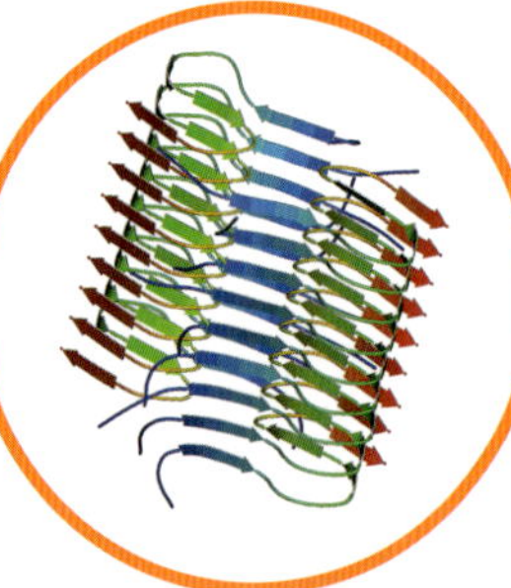

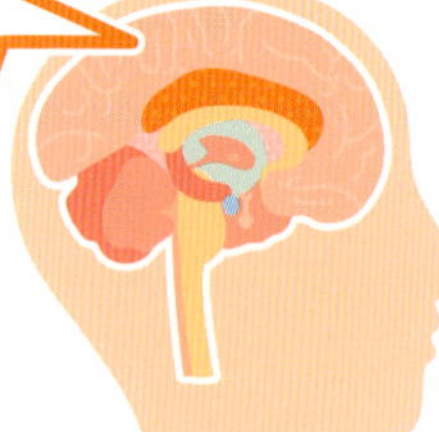

アルツハイマー病
アミロイドβ（5KK3）

パーキンソン病
α-シヌクレイン（2N0A）

透析アミロイドーシス
β_2-ミクログロブリン

ランゲルハンス島（膵島）

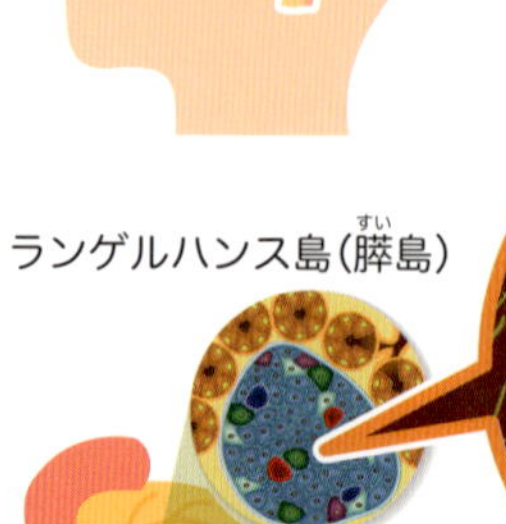

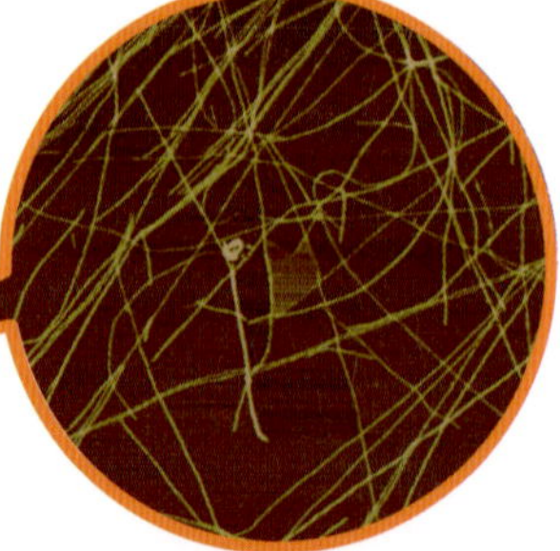

II型糖尿病
膵島アミロイドポリペプチド

タンパク質研究の変遷とアミロイド線維

1900年代のはじめは『(熱や酸によって) 変性し，凝集する生体物質』という特徴がタンパク質の定義だった．卵白や肉，魚など食品としてのタンパク質から研究がはじまった．1950年代になって，ミオグロビンやヘモグロビン，卵白リゾチームといったタンパク質のX線結晶構造が次つぎと明らかになり，タンパク質の構造にもとづいて，機能が理解されるようになった．そのころ，タンパク質の特徴である凝集や濁(にご)りは，研究において厄介なものとして取り除かれていた．1990年代になって状況は一転する．医学の重要なテーマだったアミロイド病（アミロイドーシス）やその原因物質アミロイド線維に研究者の注目が集まったのだ．

アミロイド線維は幅10ナノメートル，長さ数マイクロメートルのβシート構造をとる細い線維で，同じタンパク質分子が凝集したものだ．アミロイド病と総称されるさまざまな病気で沈着するため，それらの病気の原因物質と考えられている．アミロイド病にはアルツハイマー病や透析アミロイドーシス，アミロイドポリニューロパチーなど30種類以上ある．プリオン病やII型糖尿病もアミロイド病だ．一般に，アミロイド線維は細胞外に沈着するが，パーキンソン病のα-シヌクレインアミロイド線維は細胞内に沈着する．

なかでもアルツハイマー病は代表的な認知症であり，認知症全体の約6割を占める．国内の認知症の患者数は，2012年の約460万人から，高齢化がいっそう進む2025年には約700万人に増加し，アルツハイマー病も急増することが予測される（平成28年版厚生労働白書）．

2000年ころから，タンパク質の構造物性の研究者が参入し，アミロイド構造生物学が台頭した．近年，固体NMRやクライオ電子顕微鏡が威力を発揮して，アミロイド線維の原子構造の解明が進んでいる(05章参照)．

アミロイド線維形成のしくみ

アミロイド線維は，核形成と伸長という2段階でつくられる（図1）．凝集していないモノマータンパク質溶液から線維ができる場合は，試験管内では長時間のタイムラグののち，突発的に線維の形成が進む．ところが，いったんできあがった線維を「種」としてモノマー溶液に加えると，タイムラグを経ずに線維がすばやくつくられる．モノマータンパク質単独での線維形成は遅いが，撹拌や超音波といった刺激を加えると，線維の形成が促されるのだ．そして，溶液条件が違うと線維の形態が異なるものができることがあり，これは多型とよばれる．

こうした特徴は，氷の形成，塩，天然タンパク質の結晶化など，物質が結晶をかたちづくるときと同じだ．三次元に成長した物質の単結晶と，長さの不均一なアミロイド線維の特徴はよく似ており，アミロイド線維が形成される本質は結晶の形成と同じだと推定された．つまり線維の形成は，水に溶けた

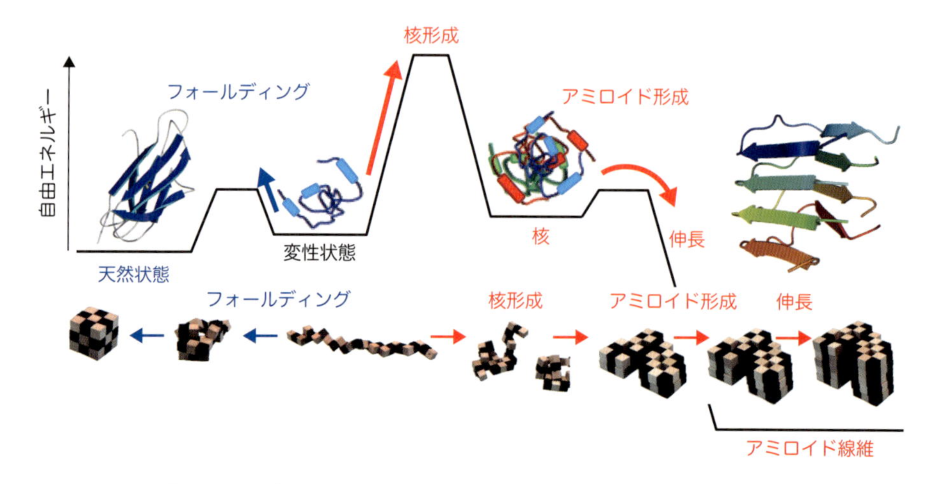

図1　タンパク質のフォールディングとアミロイド線維形成の関係
アミロイドの形成にはタンパク質の変性が必要．核形成が律速であり，いったん核が形成すると伸張は速い．
組木パズルはタンパク質のフォールディングとアミロイド線維形成のイメージを表している．

物質（溶質）の析出の相図によって表せる（図2）．たとえば，塩を加えると変性タンパク質の溶解度は下がり，アミロイド線維（＝結晶）が析出する．ただし，過飽和という自由エネルギー障壁が線維の析出を妨げる．線維を析出するには，「種」を加えたり，溶液を撹拌したりする必要がある．また，あまりにも溶質の析出力が強いと，変性タンパク質は不定形凝集（つまりガラス）を形成するのだ．

このような結晶化とよく似た点は，異なる病態を起こすアミロイド病の多型の謎も説明できる．プリオン病の伝播も多型も，線維の多型によって説明が可能だ．近年，アルツハイマー病やパーキンソン病でも，いろいろな病態があるのは線維の多型に起因することが示唆されている．

アルツハイマー病の発症機構

アルツハイマー病患者の脳では大脳皮質が萎縮し，老人斑ができたり神経原線維が変化したりする．老人斑はアミロイドβのアミロイド線維，神経原線維変化はアミロイド線維に類似したτ（タウ）タンパク質のフィラメントが引き起こす．アミロイドβは約40アミノ酸残基のペプチドであり，アミロイド前駆体タンパク質（APP）から，酵素によって切りだされる．アミロイド沈着が神経細胞死を引き起こし，さらには認知障害に進展する（アミロイドカスケード仮説）．いくつかの研究は，アミロイド沈着がアルツハイマー病発症の何年も前にはじまっていることを示している．近年，細胞障害，神経変性の直接的な原因はアミロイド線維ではなく，オリゴマーとよばれる線維の前駆体ではないかという説もある．

アミロイド病はどう発症するのか

一般に，アミロイド病の発症のしくみは3つある．ひとつは孤発性のアミロイド病で，高齢化するにつれて発症リスクが高まる．2つ目は家族性アミロイド病で，遺伝的な原因のため，アミロイド原因タンパク質の生成量が多かったり，アミロイド線維をつくりやすいアミノ酸変異が起こっている．たとえばアミロイドポリニューロパチーでは，トランスサイレチンのアミロイド線維が神経やさまざまな臓器に沈着して発症する．一方，家族性のアミロイドポリニューロパチーでは，遺伝性の変異によって，トランスサイレチンが変性しやすくなり，原因タンパク質の実質的な量が増える．このため線維ができやすくなり，若年で発症する．

そして，アミロイド線維の形成機構から予測される3つ目のしくみは，感染による発症だ．アミロイド病の感染が確認されているのは，クロイツフェルトヤコブ病，牛海綿状脳症などのプリオン病だけだ．しかし，アミロイド病がアミロイド線維を介して伝播するのなら，アルツハイマー病をふくむほかのアミロイド病でも注意が必要といえよう．

アミロイド病を防ぐために

近年，家族性アミロイドポリニューロパチーでは，原因タンパク質であるトランスサイレチンに結合して不安定化を防ぐ薬が開発され，アミロイド病の予防に大きな効果をあげている．まさにタンパク質の構造物性研究が，アミロイド病の予防につながった例だ．

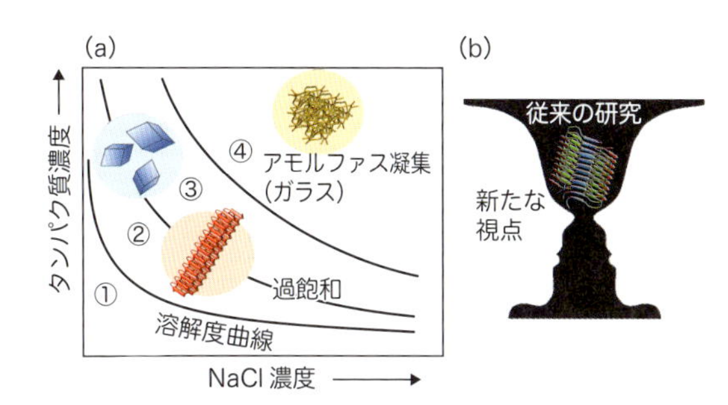

図2　(a)溶解度以下①，過飽和状態(準安定②，不安定③)，アモルファス凝集④の関係，(b)ルビンの壺

(a) 準安定状態では自発的結晶化は起こらないが，不安定状態ではラグ相の後，結晶化が起こる．アミロイド線維も同様．(b) 構造に基づくアミロイド病の研究とともに，溶解度・過飽和に基づく異なった視点の研究が重要．

アルツハイマー病にかかわるアミロイドβのアミロイド線維沈着は，アミロイドβの濃度が溶解度を超え，さらに過飽和が解消されたときに起こる．アミロイド前駆体タンパク質からの切りだしを抑制してアミロイドβの濃度を溶解度以下に保つか，溶解度を超えても，過飽和状態を維持できれば，アミロイド線維は形成しない．

今後はタンパク質の構造物性研究がさらに進展して，アルツハイマー病をふくむさまざまで深刻なアミロイド病に対する予防法が確立すると期待できる．

21 どうして毎年インフルエンザワクチンを打たなくてはいけないの？

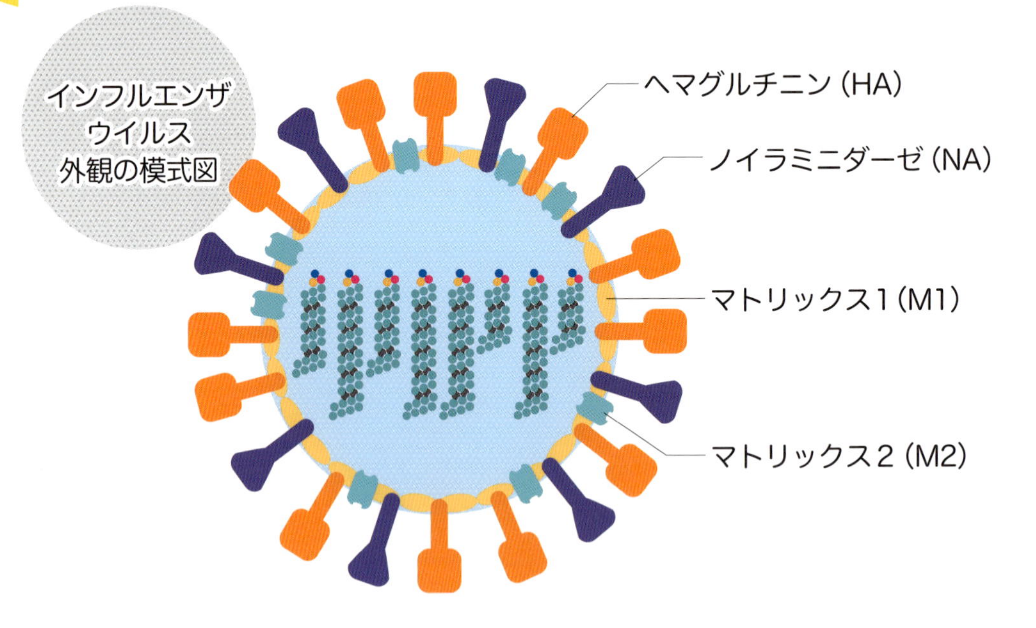

あれ！? 今年のインフルエンザは違う！

2015年9月～2016年8月
に流行したインフルエンザ

A型のH1pdm09 亜型

2016年9月～2017年8月
に流行したインフルエンザ

A型のH3亜型

受験の季節になるとインフルエンザが流行する．「どうして毎年，毎年こんなに流行するの？　研究者よ，なんとかしろ！」という声が聞こえてきそうだ．そもそも「流行する」とはどういうことだろうか．インフルエンザの場合は2種類ある．「季節性」と「大流行（パンデミック）」だ．その違いはウイルスのもつタンパク質と関係している．詳しく見ていこう．

インフルエンザはいろいろ

インフルエンザウイルスは，A，B，Cの3つの型に分類できる．このうち季節性の流行を引き起こすのが，インフルエンザA型とB型だ．その姿は細胞膜と同じ脂質二重膜に包まれた粒子だが，必ずしもまん丸というわけではなく，長細くなることもある．その内側にはインフルエンザの遺伝子をコードしたゲノムが8本ある（A型およびB型の場合）．気になるのは，この脂質二重膜にたくさん存在する，ヘマグルチニン（HA）とノイラミニダーゼ（NA）という突起だ（グラフィックス参照）．これらは糖鎖という糖が「グリコシド結合」でつながった化合物がタンパク質に結合した糖タンパク質だ．このヘマグルチニンやノイラミニダーゼが，からだの免疫機構のひとつである抗体の標的となる．このとき，ヘマグルチニンやノイラミニダーゼを「抗原」という．

タンパク質なのだから，当然アミノ酸が連なってできている．A型インフルエンザでは，抗体に対する反応性の違いから—それは結局アミノ酸配列の違いに起因するのだが—18種類のヘマグルチニンと9種類のノイラミニダーゼが見つかっており，その組合せでさらに亜型に分類される．B型インフルエンザウイルスでは，ヘマグルチニンはYamagata系統とVictoria系統の2種類がある．

「鳥インフルエンザH5N1型」というのを聞いたことがあるだろう．これはヘマグルチニンの亜型がH5で，ノイラミニダーゼの亜型がN1を表している．さらに，亜型のなかでも抗原のアミノ酸の配列が少しずつ変わる（変異する）．アミノ酸1個の変異などが蓄積していくもので，「連続抗原変異」とよばれる．一度インフルエンザに感染したり，ワクチンを接種したりすると，わたしたちのからだには抗体が誘導される．しかし，この連続抗原変異が起こっていると，かつて誘導されたのと同じ種類の抗体による攻撃に対しては，インフルエンザはすり抜けて感染するのだ．これが「季節性の流行」である．

では，「不連続抗原変異」もあるかというと，実はある．それはインフルエンザA型のみで起こり，異なる亜型，つまり多くの人がそれに対する抗体をもっていない亜型（より適切にいえば「株」）が，あるとき突然に広まる．これが新型インフルエンザの登場であり，「大流行（パンデミック）」のことをいう．

なぜワクチンを毎年接種しないといけないか，何となくわかってきたのではないだろうか．

インフルエンザワクチンとは

さて，多くの人がお世話になったであろうタミフルなどの抗インフルエンザ薬が開発されるまでは，ワクチンしかなかった．ワクチンとは，病原体を無毒化（不活化ワクチン）あるいは弱毒化したもの（生ワクチン）を投与することで，次にホンモノの病原体が入ってきたときに，それに対するからだの免疫応答を速やかに発動させるための医薬だ．現在，日本で季節性のインフルエンザにワクチンとして使われているのは，不活化ワクチンに相当するスプリットワクチンとよばれるものである．スプリットワクチンとは，インフルエンザを壊して，脂質二重膜を取り除き，おもにヘマグルチニンをふくむ成分を抽出してつくったもので，ヘマグルチニンワクチンともいう．それを注射し，インフルエンザのヘマグルチニンに対する抗体の産生を促すのが目的だ．

抗体は効く!?

しかし，である．注射したヘマグルチニンと感染したインフルエンザのヘマグルチニンの型が同じでないと，誘導された抗体は有意に効かない．これを抗原特異性という．先に述べた連続変異によって，インフルエンザＡ型とＢ型ではヘマグルチニンが毎年のように変異していく．つまり，その年に登場するヘマグルチニンに対する抗体を産生させて準備しなければ，効果が期待できないのだ．そのため，その年に流行すると予測されている株を推定し，ワクチンを用意するのがとても重要なプロセスとなる．

ここでは，抗体がヘマグルチニンに結合することで，インフルエンザウイルスがヒトの細胞へ侵入するのを防いでいる．これを中和抗体という．つまり，抗体はインフルエンザウイルスが細胞に侵入する前にすばやくくっつく必要がある．そこで，ワクチンを使って免疫細胞を刺激し，抗体を産生する細胞をあらかじめたくさんつくっておけば，すばやく反応できるというわけだ．この場合，以前に感染したことを記憶している免疫細胞を刺激していると考えられている．

では，いったんウイルスが細胞に侵入するとどうなるか．抗体ではなく，細胞障害性Ｔ細胞という免疫機構の別の役者が戦うことになるのだ．このようなしくみがわかれば，ワクチンが「効く，効かない」という話がどういうことか，想像できるようになるだろう．

ワクチンと免疫のしくみ

免疫の観点から詳しく見ていこう．細菌やウイルスなど外敵が侵入して最初に働くからだの防御機構は，マクロファージや好中球，樹状細胞の食作用による自然免疫とよばれるものだ．これが突破されると，適応免疫が働く．抗体による防御――体液性免疫――がそのひとつである．抗原に特異的な免疫システムをもつことが自然免疫との違いだ．抗体は，Ｂ細胞から分化した抗体産生細胞でつくられるが，分化するときに抗体産生細胞にならず，記憶Ｂ細胞という細胞になるものがいる．この記憶Ｂ細胞は，次に同じ抗原が入ってきたときにすばやく抗体産生細胞に分化して迅速に，そして強力に対応する．Ｂ細胞から抗体産生細胞への分化には，ヘルパー

T細胞が出すサイトカインという物質が必要となる．このヘルパーT細胞の前身はCD4陽性T細胞である．樹状細胞がウイルスを取り込み，分解して表面に提示した抗原をふくむ3つの刺激によって活性化し，それぞれのヘルパーT細胞へと分化・増殖する．このCD4陽性T細胞のなかにも，一生懸命仕事をするT細胞にならずに記憶CD4陽性T細胞となって残るものがいるのだ．

スプリットワクチンは，安全性を確保するためにインフルエンザの核酸をふくむヘマグルチニン以外の多くのものを取り除いているため，自然免疫を刺激しない．おもにこの記憶CD4 T細胞と記憶B細胞を刺激していると考えられる．つまり，以前にインフルエンザにかかったことがないと（記憶がないと），スプリットワクチンの効果は出にくいわけである．

さて，こうして産生された抗体だが，ウイルスに対する抗体の場合はウイルス表面に結合し，細胞へ侵入するのを防ぐ中和抗体として働く．裏を返せば，抗体はいったんウイルスが細胞へ侵入してしまうと役に立たない．このときウイルス感染してしまった細胞の処理をするのが，もうひとつの適応免疫である細胞性免疫だ．T細胞のなかでも細胞障害性T細胞（Tc細胞）がこの役割を担っている．本当はこちらがウイルス防御機構の主役だ．もし，弱毒生ワクチンが使われれば，自然免疫が刺激され，記憶を担うT細胞やB細胞が誘導されるため，以前に罹患したかどうかは関係ないはずである．

抗体のしくみ

免疫の話はこれくらいにして，今度は中和抗体として抗体がヘマグルチニンにどうくっついているのかを見てみよう．ヘマグルチニンは実はアミノ酸が連なったポリペプチドの同じものが3つ集まってできたものだ（三量体という）．抗体がヘマグルチニンのどの部分に結合するかは，抗体の種類による．図1では，ヘマグルチニン（緑色）と抗体の結合するFab（そのほかの色）とよばれる部分を示したものだが，この例においても抗体によっていろいろなところに結合するのがわかるだろう．ヘマグルチニンの変異が起こりにくいところに結合する抗体が望まれるのはもちろんである．

このように，インフルエンザウイルスと戦うしくみも，分子の原子構造がわかると納得できる．タンパク質の構造は，医学・薬学でも重要なわけである．

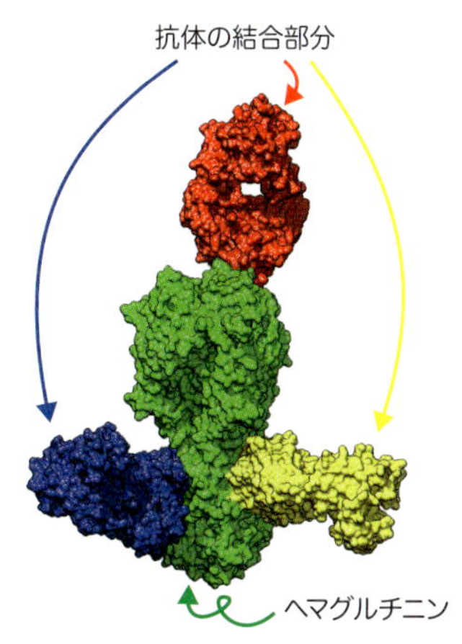

図1　こんなにいろんなところにつくんだね！

22 どうすれば寿命を延ばせるの？

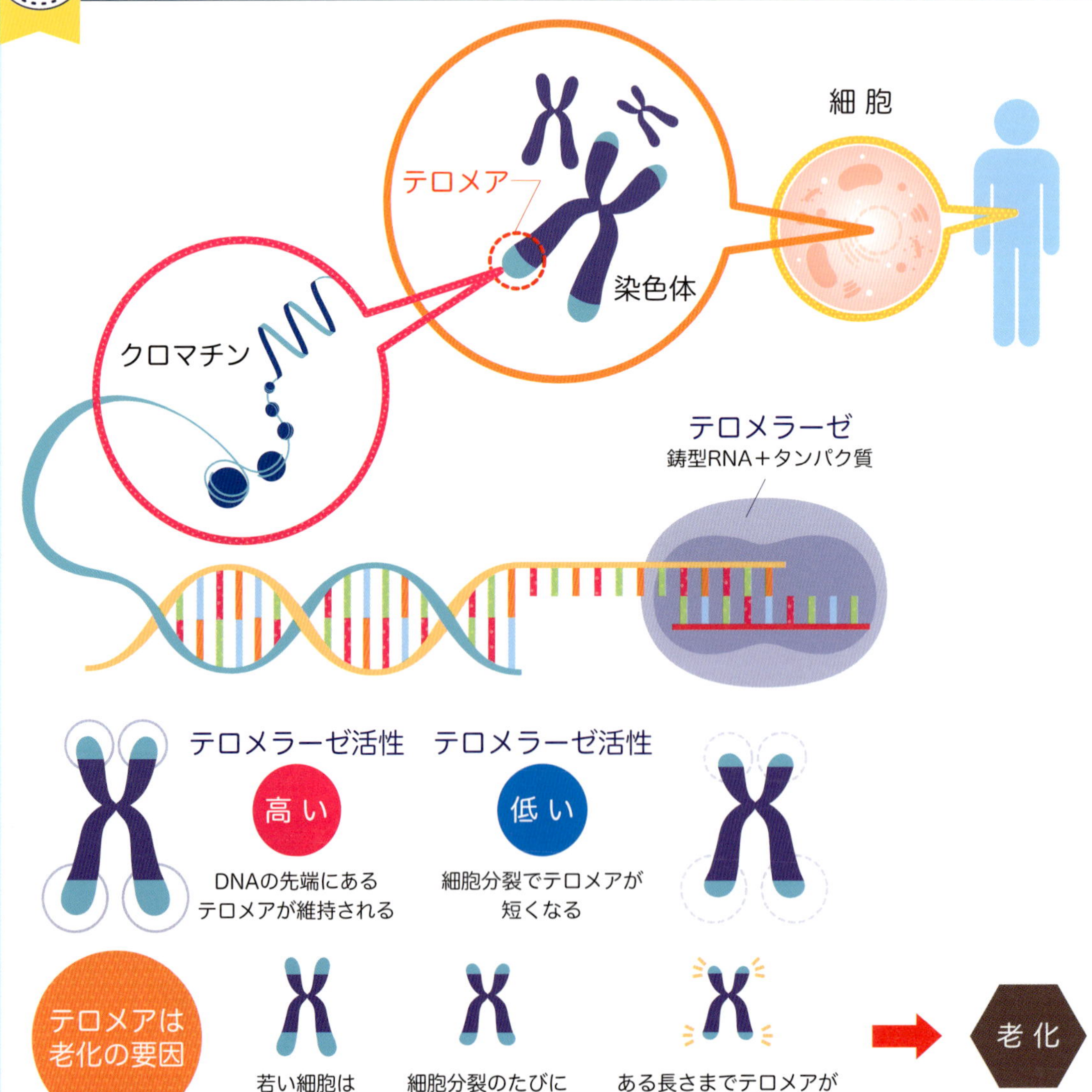

若くて健康な人は，自分が死ぬなんて想像もできないだろう．しかし残念ながら，人はいつか必ず死ぬ．これはどうしても避けられない運命なのだ．人は生まれたときから寿命のカウントダウンがはじまっている．わたしたちが健康に寿命をまっとうするにはどうすればいいのだろうか．

寿命は生き物によって違う

まず，なぜ人は死ぬのだろうか．厚労省の『人口動態統計年報』によると，40 歳以上になると，悪性新生物（悪性腫瘍）によって死亡する人がだんだん増加し，89 歳まで死因のトップだ．50 歳以上になると，心疾患で死亡する人も増えてくる．したがって，人間の身体は 40 歳から徐々に，そして 50 歳になると本格的に異常を生じる運命にあるのだろう．しかし，医療技術の進歩や栄養・衛生状態の向上により，近年，平均寿命は急激に延び，現代の日本人の平均寿命は男女ともに 80 歳以上である．

それでは，ほかの動物の平均寿命はどれくらいなのだろうか．ペットのイヌやネコは 15 ～ 20 年だ．百獣の王ライオンは，意外なことに 10 ～ 15 年と短い．逆に長寿の動物の例として，恐竜時代の生きた化石といわれているムカシトカゲは 100 年以上，ホッキョククジラも 100 年以上，ゾウガメが 200 年程度まで生きられると考えられている．さらに 2016 年には，推定 392 歳のニシオンデンザメが発見された．このサメが生まれたとされる 1624 年は，徳川三代将軍家光公の時代だ．また，脊椎動物以外では，ミル貝が 160 年以上，赤ウニが 200 年以上という長寿であり，アイスランドガイ（二枚貝の一種）は 507 歳のものが発見されている．さらに植物になると，樹齢 2000 年以上の木が知られている（鹿児島の縄文杉など）．このように，生物種によって寿命が異なる理由は，まだはっきりとわかっていない（後述）．

細胞は老化する

これまでに述べた寿命は，個体（ひとつの独立した生物体）の寿命のことだ．個体はさまざまな器官（皮膚，心臓，肺など）からなり，それぞれの器官は非常に多くの細胞からかたちづくられている．からだ全体の寿命を考えるうえで，それぞれの細胞の働きの良し悪しが重要だ．実は，ひとつひとつの細胞にも寿命がある．赤ちゃんの若い細胞は元気だが，だんだん細胞は老化し，最終的に老化細胞とよばれるものになる．老化細胞は死んでいるのではなく，基礎的な代謝活動はおこなっている．しかし，一度老化すると，環境がよくなっても二度と細胞分裂をおこなわない（細胞を増やさない）という特徴をもつ．年齢を重ねた，つまり細胞分裂回数を重ねた細胞のなかには，老化せずに死んでしまう細胞，本来の機能を果たせない細胞，がん化してしまう細胞などが出現してくる．個体の老化は，さまざまな細胞状態の総和の結果だといえるだろう．

それでは，なぜ細胞が老化するのだろうか．その原因として，おもに 2 つのことが知られている．

ひとつは細胞にさまざまな傷が蓄積するということだ．紫外線や放射線は，細胞にふくまれるDNA（遺伝情報）に傷をつけることで有名である．また，大気や食品にふくまれる有害物質も細胞内のDNAやタンパク質などに傷害をもたらす．そして厄介なことに，呼吸や食物代謝によって発生する活性酸素もDNAやタンパク質を傷つける（酸化させる）活性をもっている．つまり，生きているということは，細胞が傷つき続けるということなのだ．しかし，正常な細胞はさまざまな傷害やストレスに対して柔軟に対処できる防御機構を備えていて，めったなことでは異常を生じない．たとえば，1日に何十万回もDNA傷害が起こっても，DNAを修復する酵素が働いてすばやく直してくれるのだ．ただし，修復能力が低下してしまったときや，強い放射線を浴びるなど，修復能力を上回るDNA傷害が起こったとき，その傷はそのまま残ってしまう．それは細胞老化だけでなく，細胞死やがん化をも誘発する．

細胞老化のおもな原因のもうひとつは，細胞に蓄積するDNAの傷ではなく，DNAの長さの変化だ．DNAはデオキシリボ核酸という化学物質であり，塩基をふくむヌクレオチドとよばれる成分がひも状につながったかたちをとっている．塩基にはA, T, G, Cという4つの種類があり，その並び方（配列）が遺伝情報になる．ヒトの場合，ひとつの細胞あたり46本（23対）のDNAのひもがあり，それぞれのひもの両端にはテロメアとよばれる領域がある．テロメア領域では，決まったDNA配列（TTAGGG）が繰り返し並んでおり，若い細胞では合計1万塩基以上になる．いろんなタンパク質がテロメアのDNA配列を認識して結合し，DNAのひもの端を保護している．

テロメアの長さと健康

テロメアDNAは，テロメラーゼという酵素によって伸長される．卵子や精子をつくる生殖細胞ではテロメラーゼの活性が高く，テロメアDNAの長さも安定に保たれている．このことによって，子孫にもほぼ同じ長さのテロメアDNA，DNAのひも全体が受け継がれ，遺伝情報が失われることもなく，種の保存が保障されている．いい換えれば，いまわたしたちが存在しているのは先祖代々のテロメラーゼの活性が正常に維持され続けてきたからだ．最近話題のiPS細胞でもテロメラーゼの高い活性がみられ，テロメアDNAが長く維持されていることから，生殖細胞のような状態であるといえる（図1）．

ところが，いったん分化（ひとつの細胞が分裂し，性質の異なる機能をもつように変化すること）がはじまると，テロメラーゼの活性は大きく低下する．そのため，ほとんどの体細胞（皮膚，消化管など）では，細胞分裂のたびに少しずつテロメアDNAが短くなっていく．そして，ある程度短くなると（約5000塩基），細胞は「これ以上短くなるとDNAのひも全体が安定に保たれない（遺伝情報が失われる）」と認識し，細胞分裂を止めて老化細胞になる．したがって，テロメアは細胞寿命を測る時計であり，細胞老化は細胞を死に至らしめないための防御機構と

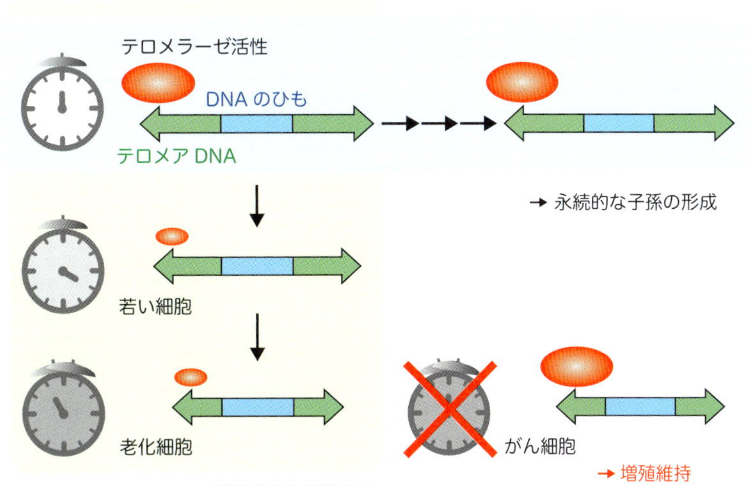

図1　テロメア DNA の長さと細胞寿命との関係

いえる．逆に，多くのがん細胞では高いテロメラーゼ活性がみられ，テロメア DNA も（長くはならないが）安定に維持されるため，細胞増殖も続いてしまう（図 1）．このことから，細胞寿命を延ばすためにテロメラーゼ活性を人工的に高くすることは，必ずしも健康的とはいえない．先に述べた生物種による寿命の長さの違いは，DNA の傷に対する抵抗性，呼吸などによる酸化ストレスに対する抵抗性，テロメア DNA の短小化による細胞老化のタイミング制御など，さまざまな生体活動の違いの総和かもしれない．

それでは，人が健康に寿命をまっとうするには，どうすればいいのだろうか．第一に，できるだけ細胞に傷を与えないこと，第二に，細胞の傷をきちんと修復することが重要だ．過度なストレスを避けて傷の数を少なくする，十分栄養と睡眠をとって傷の修復をおこなう，適度に運動してそれぞれの器官の働きを維持し，ストレスを発散する，というごく普通のことが有効ではないだろうか．一方，人間が生きている以上，テロメア DNA が短くなることは運命であり，それによる細胞老化は避けられない．ところが最近，健康的な生活をしていると，テロメア DNA をより長く維持できるという考えが提唱された．寝不足，喫煙，食品添加物，過度な運動，心理的ストレスなどで活性酸素が過剰につくられると，テロメア DNA が短くなるというものだ．ただし，病気や身体寿命とテロメア DNA の長さとの関係については，今後きちんと検証していく必要がある．

23 タンパク質の薬ってあるの？

アスピリンと抗体の大きさの比較

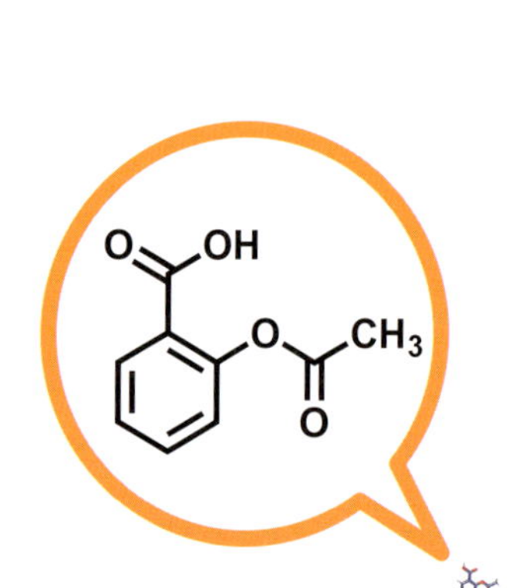

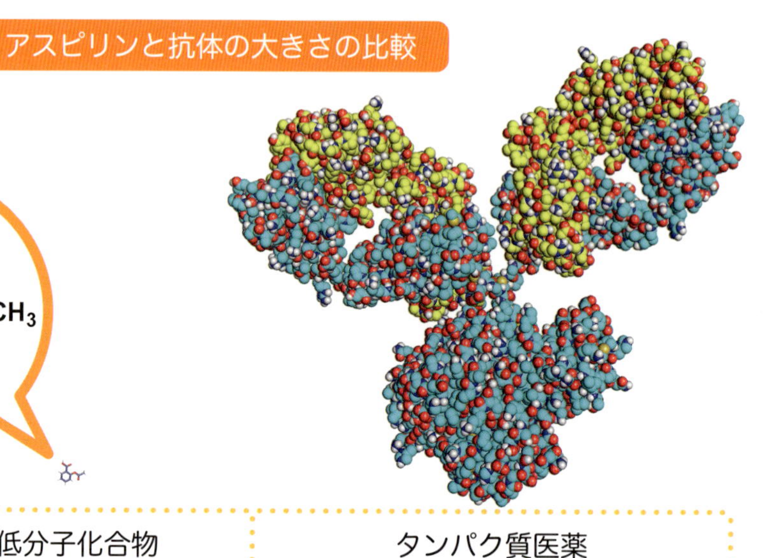

	低分子化合物（アスピリン）	タンパク質医薬（抗体）
分子量	**180**	**150,000**
価格（100 mgあたり）	**10円**	**75万円**

抗体医薬の役目

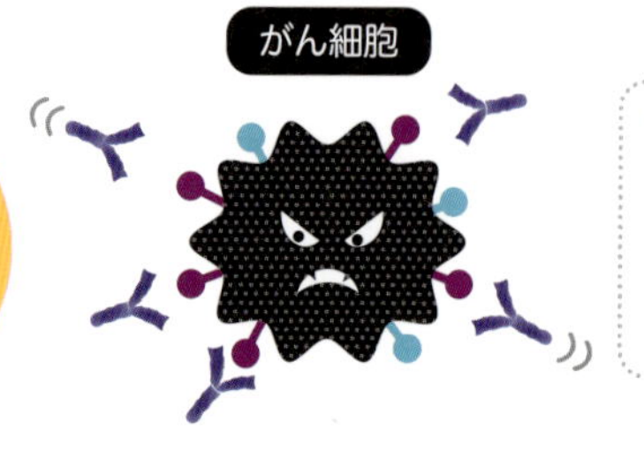

がん細胞の表面にある目印（抗原）に抗体医薬がくっついて，がん細胞の動きを止める

正常な細胞

目印となる抗原がない正常細胞には影響を与えない

ここまでの章で見てきたように，わたしたちの身体や細胞をかたちづくり，その活動をコントロールする働きは，ほとんどすべてといってよいほどタンパク質が担っていることはおわかりだろう．つまり病気になるとは，ほとんどの場合「タンパク質のかたちや働きがおかしくなる」ことに等しい．そのため，病気を治したり症状を改善したりするために使う「薬」は，実はわずかな例外を除いて，何らかのタンパク質を標的にしているのだ．では，具体的に薬はどんなタンパク質を標的にしているのだろう？

分子標的薬のメリット・デメリット

たとえば，わたしたちがよく使う「アスピリン」という消炎鎮痛薬がある．この薬は「シクロオキシゲナーゼ」とよばれる酵素タンパク質を標的とし，この酵素が「プロスタグランジン」という痛みや炎症の媒介物質をつくるのを止めてくれる．紀元前から，柳の樹皮に痛み止めの効果があるとされてきたが，その有効成分がアスピリンだ．もちろん紀元前の人びとはそんなことは何も知らずに使っていたわけである．

実はこのようなことはつい最近まであたり前のことだった．たとえば 2015 年にノーベル生理学・医学賞を受賞した大村智博士が発見したイベルメクチンは，寄生虫のタンパク質（クロライドチャネル）を標的としているが，大村博士が発見した 1974 年当時は，標的はまったくわかっていなかった．「薬のほとんどはタンパク質が標的」であるのに，実際は「何が標的かわからずに薬として売られている」状態がつい最近まで続いていたのだ．この状況は，タンパク質科学をふくめ，あらゆる生命科学の研究が驚異的なスピードで進んだここ 20 年ほどで大きく変わった．いまでは，「標的がわからない薬」というものはほとんどなくなっただけでなく，新たな薬を製薬会社が開発しようとする際には，「どのタンパク質を標的にするか？」を明らかにしたうえで開発に着手することが標準になってきている．このようにして開発する薬のことを，「分子標的薬」という．

さて，最初から標的がわかったうえで開発する薬「分子標的薬」には，従来の薬にくらべてどんなメリットがあるのだろうか？　その最大のメリットは，「副作用が少ない」ことだろう．わたしたちの身体のなかにある特定のタンパク質の，特定の働きだけをめがけて開発するので，副作用が少ないか，あってもその程度が予想しやすい．このように標的が限定的であることを，「特異性が高い」と表現する．それは，薬が標的タンパク質の鍵穴にぴったりはまり，わずかに異なる鍵穴をもつタンパク質には結合しないということで達成される．ところがそのような性質をもった薬をつくるのは，実際はなかなか難しい．

たとえばアスピリンは，わたしたちの身体のなかにある COX1 と COX2 という 2 つのシクロオキシゲナーゼを阻害するため，消炎鎮痛以外にもいろいろと望ましくない作用をもつ．COX1 がもつ胃の粘膜保護効果を阻害するために胃かいようになるという副作用が，その代表的なものだ．COX1 と COX2

は基本的に同じ反応を触媒する酵素タンパク質なので，そのポケットの形状はそっくりであり，そこにはまるアスピリンに，両者のポケットのわずかな違いを見分ける能力を与えるのは非常に難しいのだ．もし2つを見分ける薬をつくりたかったら，ポケットの外の部分まで広く認識できる化合物を探すしかない．しかしそのためには，アスピリンよりもっと大きな分子を用いなければならないことがわかるだろう（グラフィックス参照）．

この「もっと大きな分子」として究極のものがタンパク質である．つまり，「タンパク質を薬にする」ということだ．先に述べたように，すべての薬はタンパク質を標的にしているのだから，その薬そのものがタンパク質であってもいっこうに構わない．むしろ，わたしたちの身体のなかではタンパク質どうしが結合し，作用しあってさまざまな生体反応が進むので，それを制御したり調節したりする薬としてタンパク質を使うことは理にかなっている．そして，タンパク質は十分に大きく，標的分子（これもタンパク質）の表面をすみずみまで広範に認識して非常に高い特異性で作用することができるので，まさに分子標的薬として用いるのにうってつけといえよう．そして実際に，いまでは「タンパク質の薬」がたくさん開発され，患者に投与されているのだ．

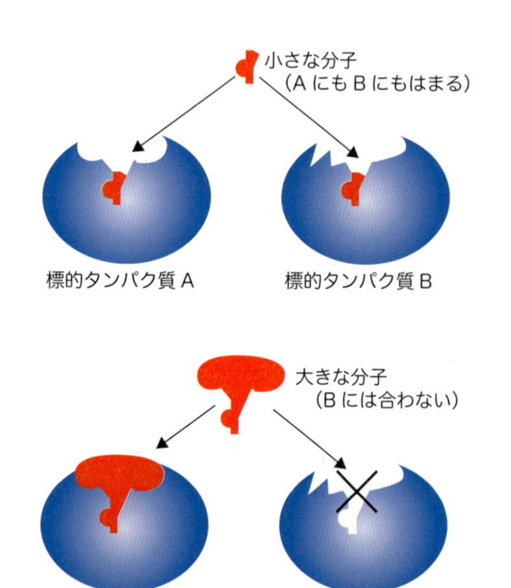

図1　大きい分子のほうが特異性を高くできる

とても高価なタンパク質医薬

ではどんな「タンパク質の薬」があるのだろうか？実はいまのところ，ほとんどのタンパク質性の医薬品は「抗体」というものでできている．抗体とは，わたしたちの身体のなかに病原菌などの異物が侵入したときに，免疫の働きによって血液中に出現するタンパク質だ．抗体はBリンパ球という細胞が産生する巨大なタンパク質で，Y字型をしており，その2つの「手」の先端で病原体など自分自身の身体のなかに存在しない分子（これを非自己分子という）を片っ端から認識できるようになっている（グラフィックス参照）．

たとえば，インフルエンザに感染すると，Bリンパ球がインフルエンザウイルスに結合する抗体を産生するようになり，ウイルスをやっつけてくれる（21章参照）．このしくみを利用して，たとえばがん細胞だけを認識するような抗体を人工的につくっておき，それを患者に投与することでがん細胞だけを攻撃し，がんを治療するということがおこなわれている．がん細胞といっても，もとは自分の身体の細胞なので，正常な細胞とがん細胞の違いは非常にわずかだが，タンパク質である抗体は微妙な違いまで見分けることができる「分子標的薬」なので，これが可能になるというわけだ．

2018年にノーベル生理学・医学賞を受賞した本庶佑博士が開発を先導したオプジーボ（商品名）という薬も実は抗体医薬で，この薬は免疫細胞上のPD-1というタンパク質に結合する抗体だ．PD-1は，本来なら攻撃しなくてはならない体内にできたがん細胞を免疫細胞が「見逃す」しくみにかかわる分子なので，それをブロックするオプジーボはある種のがんに対して素晴らしい治療効果を発揮することがある．

ところで，アスピリンは分子量がブドウ糖と同じ180あまりの，いわゆる低分子化合物であり，薬としても500ミリグラム入り1錠が約50円と非常に安い（グラフィックス参照）．薬の価格はいろいろな要因が複雑に絡むので一概にはいえないが，一般的にいえば大きな化合物になるほど製造コストはかさむので，価格も高くなる．つまり，前述のように特異性を高めるために大きな分子にすれば，それだけ薬としては高くなると考えなければならない．そしてその結果，「タンパク質の医薬」は，残念ながらとても高価になる．

たとえば，抗体は分子量が15万もある複雑な高分子であり，しかもタンパク質なので高温で熱すると変性して「死んで」しまう（加熱調理で殺菌するのと同じ原理である）ため，とてもアスピリンのように化学合成でつくることはできない．医薬品としては，培養細胞を使って遺伝子工学技術で製造しているが，これによって製造コストが桁違いに高くなってしまう．材料（原料）を混合して化学反応をおこなわせるような製造法に比べ，このような，いわば「生物」の助けを借りてつくる医薬品のことを「生物医薬品」あるいは英語では「バイオロジックス」とよぶが，1ミリグラムのタンパク質を製造するのに何万円もかかってしまうことも珍しくない．

たとえばオプジーボにしても，1ミリグラムが数千円もするため，平均的な1か月の治療費が300万円もかかってしまう．このような高額な医療費は誰もが払えるわけではないことは明らかだろう．

このように，「タンパク質の薬」は，これまでは薬の標的にできなかったような分子を標的にして開発できる可能性があり，治療法が存在しなかった難病も克服できるかもしれないという夢のような可能性を秘めている．その一方で，いまの技術のままでは経済的理由のためにその恩恵を広く人びとに与えられないというジレンマがある．このようなときこそ，タンパク質の専門家が知識を結集し，幅広い基礎研究と応用研究を駆使して，より少量で効くタンパク質医薬や，より安定なタンパク質，より安価な製造法の発見につなげていくことが求められるだろう．

24 病気になるかどうかは，どうやってわかるの？

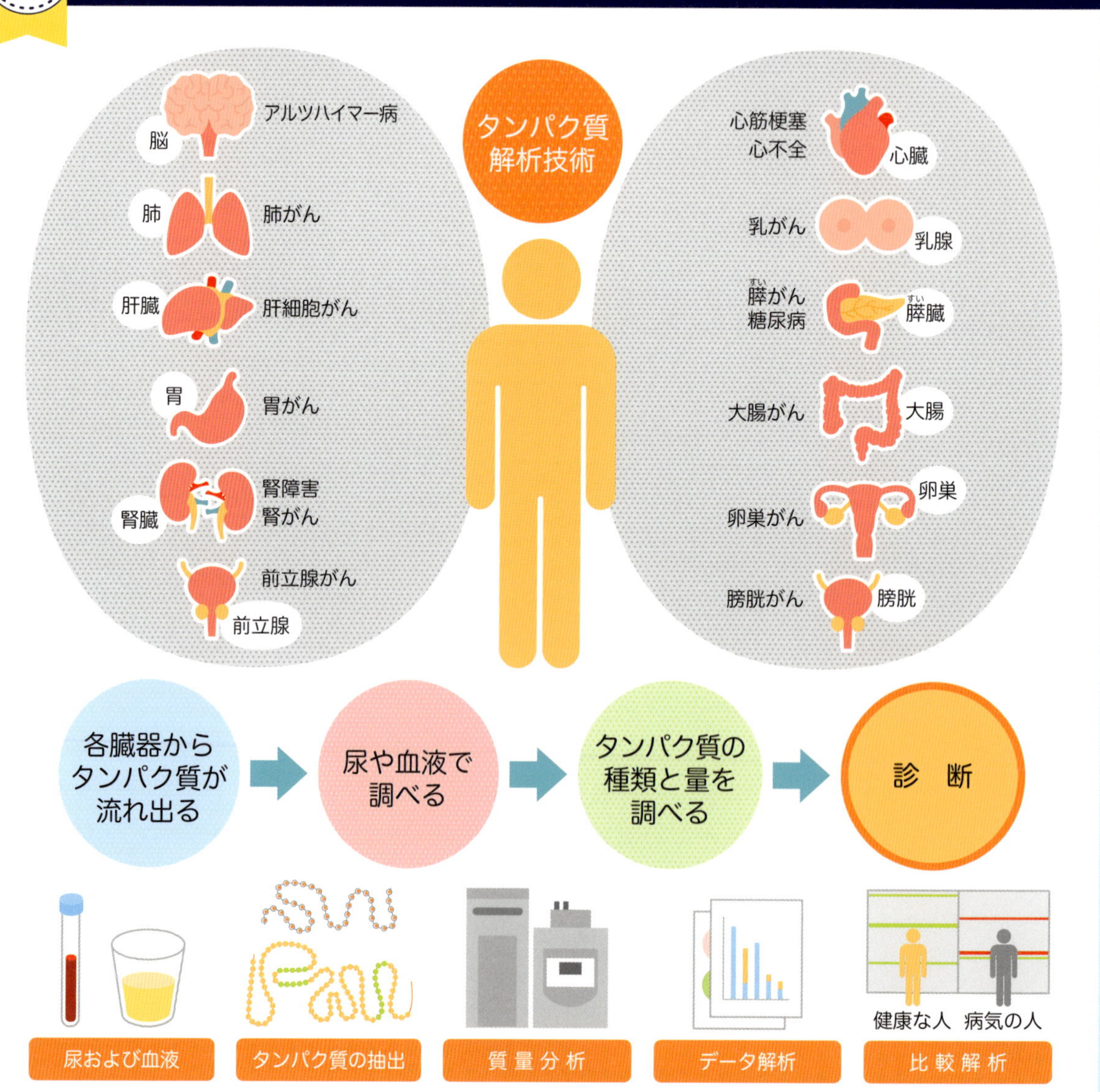

タンパク質は生命を担う分子

病気は，生命活動の営みにおいて生体内で正常に機能している分子に欠陥が生じたり，ほんの小さな変化や経年変化（老化）が起こったりすることで誘発される．生体分子はアミノ酸や糖といった小さい分子から，タンパク質のような非常に大きな分子まで多種多様な化合物からなる．そのなかで，タンパク質はコラーゲンのようにからだの骨格を形成するような主要成分から，ホルモンのようにごく微量で生理機能を制御する分子まで，まさに生命を創っている分子といえよう．そのようなタンパク質分子は，ヒトの場合，およそ3万個の遺伝子からつくりだされていることがわかってきている．一見すると少ないように思えるが，実はこれらのタンパク質は合成されたあと，さまざまな修飾や構造変化を受けて機能し，ひとつのタンパク質で多様な生理機能を生みだしている（図1）．一方で，経年変化や環境因子などにより，異常な修飾や構造変化を受けると本来の機能を失い，ひいては病気へと進展する．このように，タンパク質はまさに生命を担う中心となる分子なので，からだのなかで働いている様態（構造変化や存在量の変動）を調べることができれば，病気を予測したり，予防や治療したりすることもできるようになる．

どうやってタンパク質を調べるのか？

さて生体試料にふくまれるタンパク質を調べるのは，実はそれほど簡単ではない．それは，次の3つのような理由からだ．1）生体試料は複雑な混合物である，2）存在量が限られている，3）さまざまな化学修飾や構造変化を受けるため，ひとつのタンパク質でも多様な構造がある．

近年，これら3つの問題を克服できる方法として，質量分析法が用いられるようになった．質量分析法は1980年代に入り，2つの画期的な「イオン化法（2002年度のノーベル化学賞）」が開発されたことで，生体高分子が測定できるようになり，現在，生物学や医学の分野で広く利用されている．質量分析は高感度かつ高速で分析できるため，多種多様な分

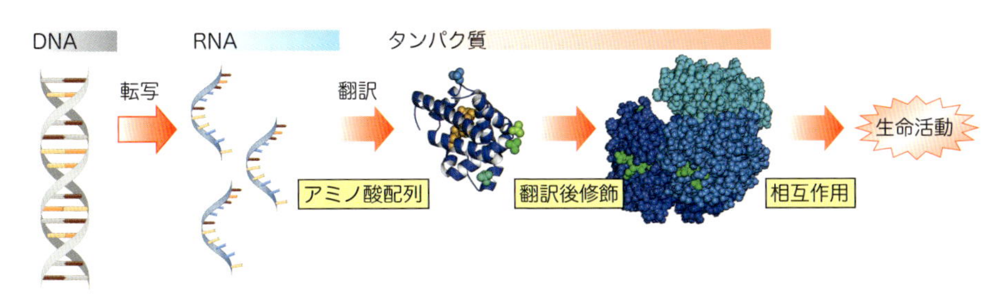

図1　DNA ⇒ RNA ⇒タンパク質，そして生命活動

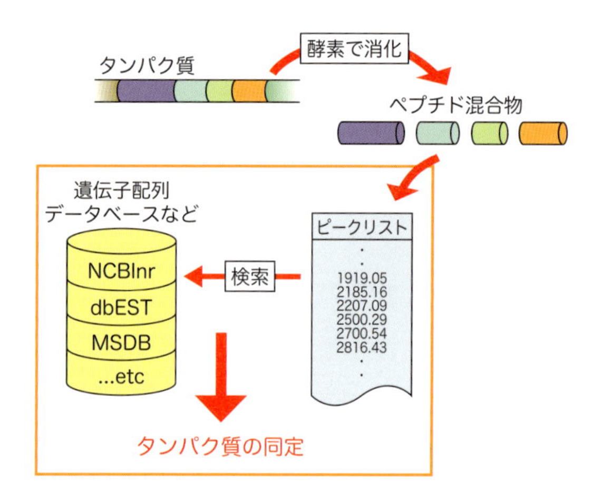

図 2　質量分析によるタンパク質の同定

子からなる複雑な混合物を測定するのに適している．どんなタンパク質が検出されたかを調べるには，タンパク質に固有の質量の数値を質量分析計で測定して，得られた数値セット（ピークリスト）をパソコンで「遺伝子配列データベース」などを利用して検索し，ピークリストにぴったりと合致するタンパク質を割りだすことで，短時間に解析できるのだ（図 2，図 3）．また診断に使う生体試料は，なるべく採取しやすいものが望ましい．この点では，現在多くの生化学検査に利用されている血液，あるいは生体を傷つけないで（非侵襲的に）得られる尿などが優れた検査試料となるだろう．

バイオマーカー探索から病気の診断へ

病気になるかどうかを予測するのは，現在の医療においても難しい課題だ．さらに，この問題は個人の自覚や意識にも大きく依存するため，いっそう難しくなる．たとえば，風邪をひきかけても気がつかずに発症してしまうことを思い浮かべれば，病気の予測や予防の難しさが容易に想像してもらえるだろう．たいていの場合，風邪の初期症状は個人で判断するが，もし，この判断が一定の指標で，しかも自宅でできるくらい簡単であれば，多くの人は風邪をひかなくてすむはずだ．

病気になれば，あるいは病気になる前にそれを示す確かな指標があれば，病気を治したり，防いだりすることができるようになる（先制医療）．この指標をバイオマーカーといい，一般に生体反応を示す特定の物質をさす．現在，がんをふくむいくつかの疾患で病態を示すバイオ（疾患）マーカーが実際の医療

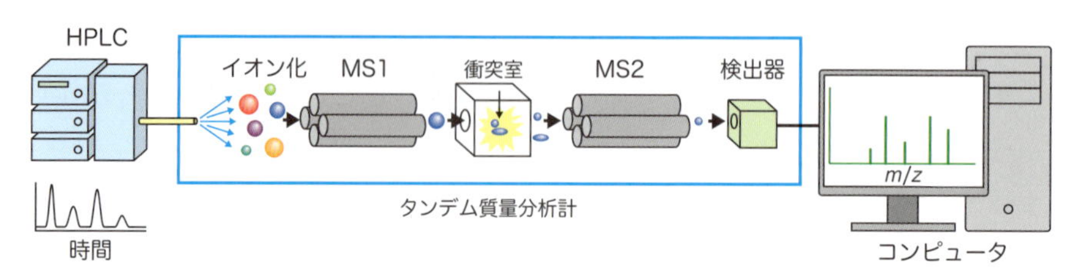

図 3　質量分析装置

の現場で利用されている．ただし，病気になるかどうかといった非常に早期での診断や病気の予防に使えるものはほとんどなく，病期や予後の診断に利用されるにとどまり，決して十分に活用できているとはいえない．

前述したタンパク質を簡単に調べる新しい方法を使って，さまざまな疾患に対するバイオマーカーを探索する研究が現在盛んにおこなわれている．近い将来には，ある疾患にだけ見られる特異的な分子を検出することで，病気の早期診断のみならず，病気になるかどうかといった，まだ予防できるような早い段階での判断が可能になるものと期待される．

一例として，図4に実際に利用されている尿中のバイオマーカー（C-ペプチド）の検出について示した．C-ペプチドはインスリンが生合成，分泌される過程で生じるペプチドで，インスリンと等モルが血液中に放出される．C-ペプチド自体は生物活性をもたず，安定でほとんど分解されずに尿中へ排泄される．したがって，血液や尿のなかのC-ペプチドを定量すれば，インスリンが膵臓（すい）でどれだけ生産，分泌されたかを見積もることができる．これはとくに糖尿病の治療評価などに用いられている．

尿は血液とならび，からだの状態を反映する体液として生化学検査に用いられているが，通常の健康診断で調べられている項目は限られている．尿は非侵襲で簡単に採取できることから，検査対象として有望視されおり，前述の質量分析法を利用した解析によって，有用な疾患マーカーが見つかれば，尿による生化学検査は広く普及するものと予想される．

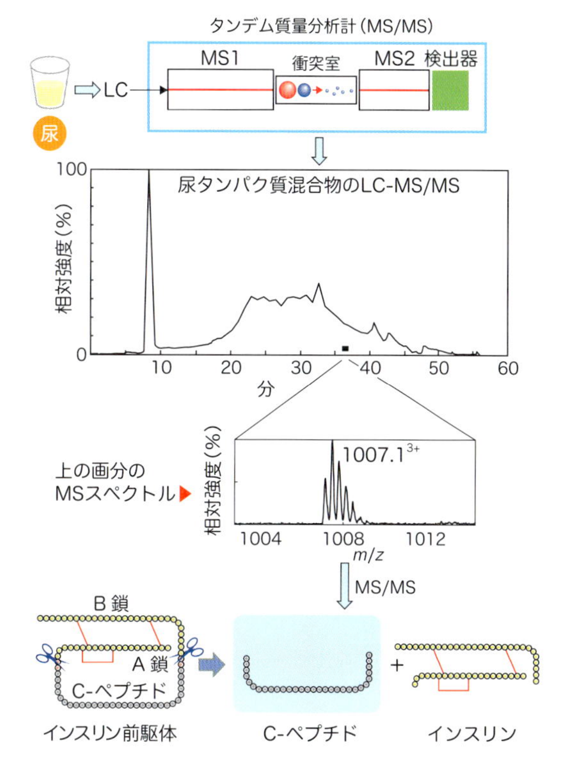

図4　尿（昼食後に採取）の質量分析

黒いバーの位置にC-ペプチドが観測されている．健康なヒトにおいて血液1ミリリットルあたり1.2～2.0ナノグラム，1日あたりの尿中への排泄量は24～97マイクログラムとされている．

近い将来，病院に行かなくても自宅などで，誰でも簡単に採取できる尿などの生体試料をバイオマーカー分析を専門とする検査機関に送り，その結果をもとに自分の体調管理をしたり，病気にかかる前に予防できたりする時代がくるのではないだろうか．

25 これからの医療はどう変わっていくの？

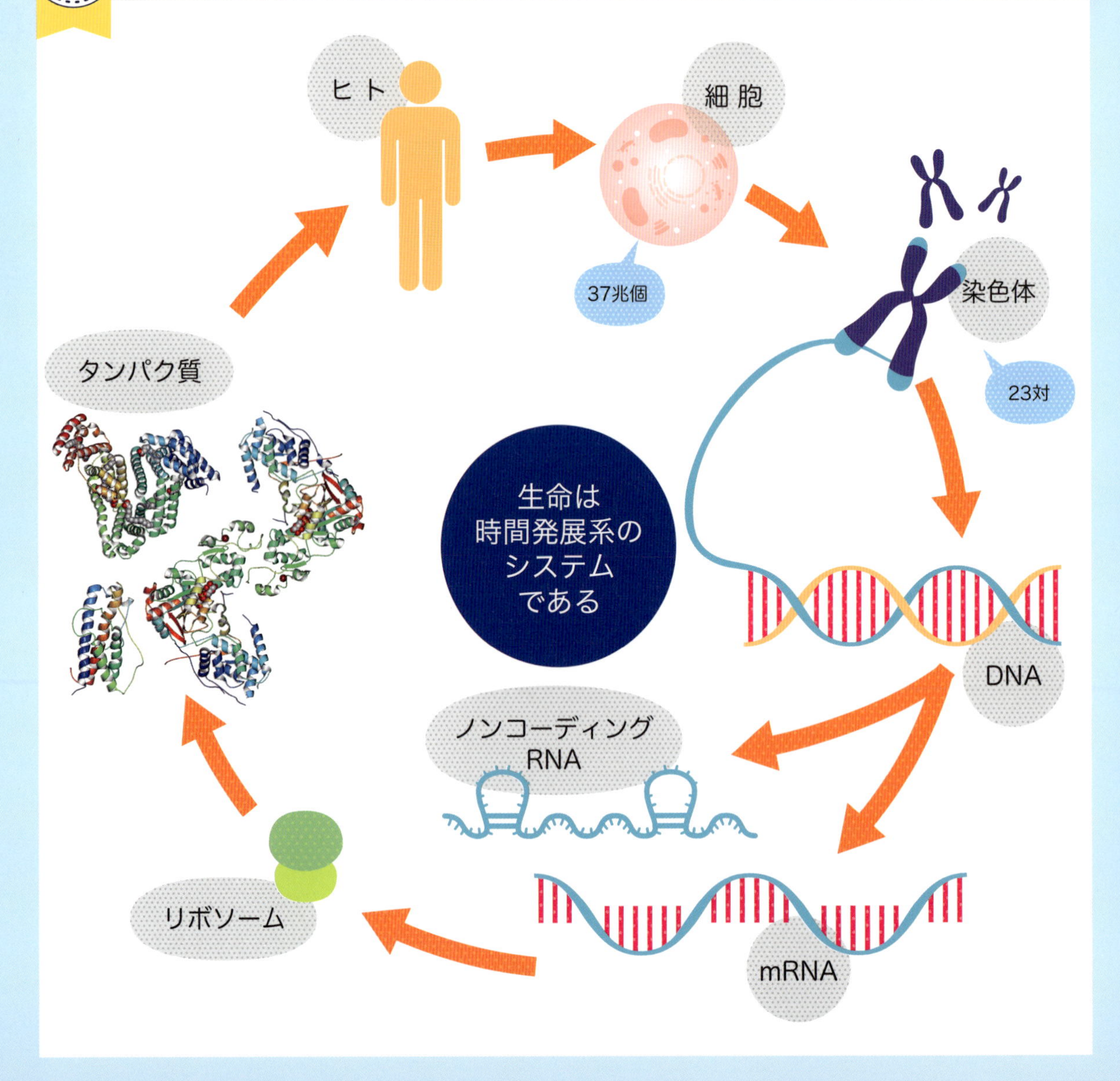

みなさんは，遺伝子と病気が密接に関係していることをすでによく知っているだろう．これまでのさまざまな研究により，ヒトの病気は遺伝子配列に起こる変異や遺伝子と環境の相互作用により生じることがわかってきている．がんや糖尿病，慢性炎症といった多くの病気では，食事，化学物質，あるいは細菌などといったわたしたちを取り囲む環境により，遺伝子の発現制御が大きく影響を受ける．これらの遺伝子に関する知見は，1990年に発足したヒトゲノム計画によって，加速的に増加した．

ヒトゲノム計画でわかったこと

ヒトゲノム計画は，ヒトゲノム上のすべての塩基配列を読み，ヒトの全遺伝子を同定することを目的として，それまでの生物学研究には類をみない大がかりな全世界規模の共同研究（コンソーシアム型研究）として進められた．そして，世界中の研究者の密接な連携により，2003年にその精密配列が発表されるに至った．これにより，ヒトのゲノム上には，約23,000の遺伝子が存在することや，ヒトの遺伝子配列の特徴，ほかの生物とヒトの遺伝子の類似性や相違点が明らかになり，ヒトのヒトらしさが遺伝子レベルで解かれることになった．ヒトは22対の常染色体と1対の性染色体の計23対(46本)の染色体をもっているが，このゲノム研究で日本は21番，18番，11番の染色体を調べる役目を担った．

DNAの情報は，RNA，そしてタンパク質へと流れるセントラルドグマの概念が中心で，遺伝＝（イコール）タンパク質をコードするものと考えられている．しかし，ゲノムの全配列が解かれたことにより，タンパク質をコードしないRNA，つまり「ノンコーディングRNA」が大量に存在することが明らかになったのだ．さらには，このノンコーディングRNAにも，DNAからの転写やタンパク質への翻訳を制御する分子としての機能があり，病気の発症に関与することが明らかにされてきた．このことにより，セントラルドグマの概念は大きく変化した．さらに，ゲノム解読によって，DNAやRNAなどの核酸だけではなく，タンパク質やエピゲノム（ゲノムの修飾），代謝物を網羅的に測定する計測技術も大幅に進歩し，これらの分子と病気との関連についても知見が蓄積されるようになった．

ゲノム配列を解析するには高精度かつ高速のDNA配列読取機（DNAシーケンサー）が，タンパク質や代謝物を計測するためには質量分析計などの大型装置が必要となる．また，これらの計測により得られた大量のデータを解析するための大型コンピュータや計算アルゴリズムが研究に欠かせないものとなっている．このように，ヒトゲノム研究を境として生物学はそれまでの仮説に基づいた研究から，データにもとづいた研究へと大きく変貌することとなった．また，このことよりわたしたち個人のゲノム，タンパク質，代謝物を網羅的に測定し，そのデータから各個人の病気のかかりやすさや薬の効きやすさを「予測する」医療や「個別」医療へと，医療の考え方もデータ志向へと大きく変わってきた．

生体内のネットワーク

ヒトゲノム研究によって明らかにされたのは，遺伝子の数やRNAの新しい機能だけではない．遺伝子の「ネットワーク」という新しい概念が生まれた．すなわち，遺伝子やタンパク質は生体内で単独で機能しているのではなく，ほかの分子と相互作用をおこなう，つまりネットワークを形成して，機能しているという考え方だ．SNS（ソーシャル・ネットワーキング・サービス）で，みなさんがたくさんの友人たちや家族とつながっているイメージと同じだ．遺伝子もまた，細胞内や生体内のそれぞれの場所で，たくさんの分子とネットワークを形成している．多数の分子とつながっている分子（ハブ分子）は，少数の分子とつながっている分子よりも生体内での重要度が高く，ハブ分子に異常が生じると病気が起こりやすいと考えられている．

また，わたしたちは生存する過程で，食事や睡眠，運動などにより，日常的にさまざまな変化をからだのなかで引き起こすが，細胞内のネットワークはこのようなからだのなかや外からの変化に対して，柔軟に対応できる性質をもち，わたしたちのからだの恒常性の維持に貢献していると考えられている．また，逆にネットワークに変調を来たすと，これらの変化に対応できず，病気を引き起こすと考えられている．そのひとつの例は，体内時計や細胞周期といった，周期的なリズムを刻むネットワークで，リズムが崩れることにより，生体内のホルモン応答が崩れ，がんなどの発生率が上昇することも報告されている．

近年の研究により，生体内のネットワークには，さまざまな制御機構が備わっていることが明らかになってきた．たとえば，周期的なリズムを刻むためには，負のフィードバックという制御が不可欠だ．負のフィードバックは，ある分子が活性化されると，その分子が自らを直接的あるいは間接的に抑制するという仕組みで，この活性化と不活性化が繰り返されることにより，周期的なリズムが生まれる．また，負のフィードバック制御はネットワークを安定化する役割をもつともいわれている．一方で，正のフィードバック制御は，ある分子が活性化すると，その分子が自らをさらに活性化するというしくみで，あるときには不可逆な変化を生みだす．

たとえば，花粉症やアトピー性皮膚炎などの炎症におけるしきい値応答（あるしきい値を超えると症状が現れる）にはその分子（あるいは細胞間）のネットワークに正のフィードバック制御がかかわってい

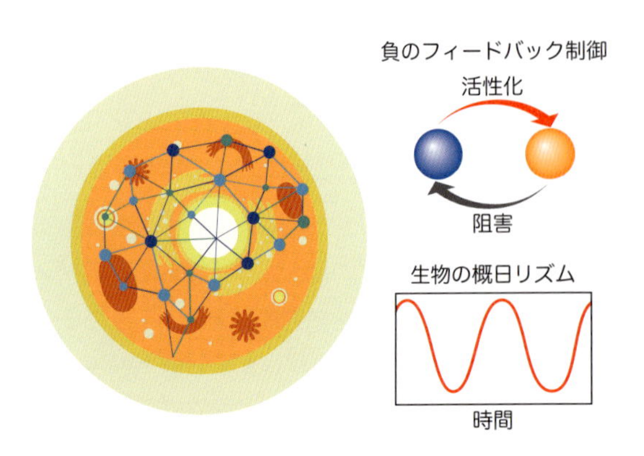

図１　生物の恒常性はネットワーク制御

ることがある．フィードバック制御は工学分野の考え方だが，工学的な制御構造が生物のネットワーク中にも多く存在することが明らかになったのだ．このような知見が増えるにつれて，生物のネットワークを理論的に制御する，また異常なネットワークを正常に戻すための理論も構築されるようになってきた．このようなネットワークを中心に，生物をシステムとしてとらえる研究は「システム生物学」とよばれ，またそれを発展させ，人工的な制御を生物内で実現する研究は「合成生物学」とよばれている．

生物のネットワークは時間発展系だ．ヒトの細胞は約 3.72×10^{13} 個あるとされ，また，わたしたちの 23,000 の遺伝子には進化の過程で獲得したゲノム情報を基礎としたそれぞれの遺伝子の個性がある．わたしたちのからだのなかでは，それぞれの RNA やタンパク質が，合成や修飾，分解といった化学反応を起こし，これらが異なるスピードでパラレルに進んでいる．

たとえば，ほ乳類の RNA の平均寿命は 10 時間，タンパク質のそれは平均 10 ～ 100 時間，分子の状態はあるものは秒単位ごとに変化し，あるものはほとんど一生変わることがない．このような複雑で大規模な分子数の相互作用をネットワークとして理解するには，コンピュータによるシミュレーションが必須であることはいうまでもないだろう．実際にコンピュータシミュレーションは薬の開発や化粧品の安全性評価に用いられている．

ゲノム解析や分子計測技術の発展により，生物学

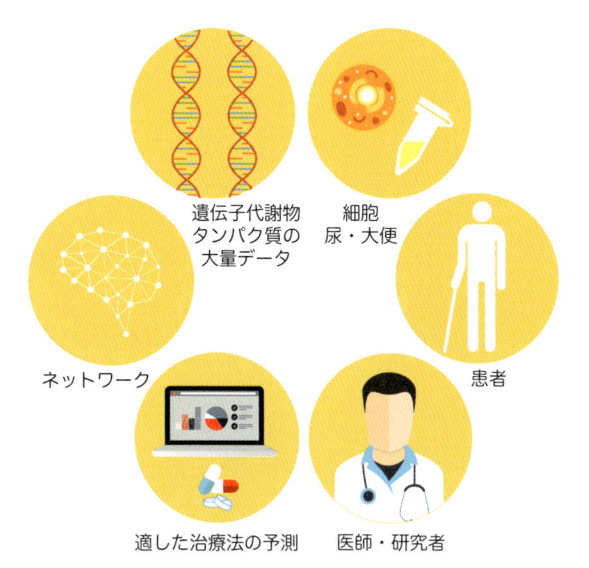

図 2　データに基づく予測医療

はわずか 15 年あまりで大きく変貌し，コンピュータや工学理論，あるいは人工知能といったデータ科学と切っても切り離せないものとなった．また実験室にも，実験用ロボットが開発・配置されるようになった．その変化は，疾患の研究や薬の開発にも大きなインパクトを与えている．このようなデータ時代において，医療はデータを基礎とした科学へと変貌していく．これまで，薬の効き方は統計的なエビデンスによりその有効性が論じられてきた．今後データ量が増えることで，症例の少ない疾患でも有効な解析ができるようになり，治療法が開発されていくようになるだろう．今後の医療は，遺伝子をふくむ細胞内全分子情報とネットワーク理論にもとづいた「予測」医療に変わっていくだろう．

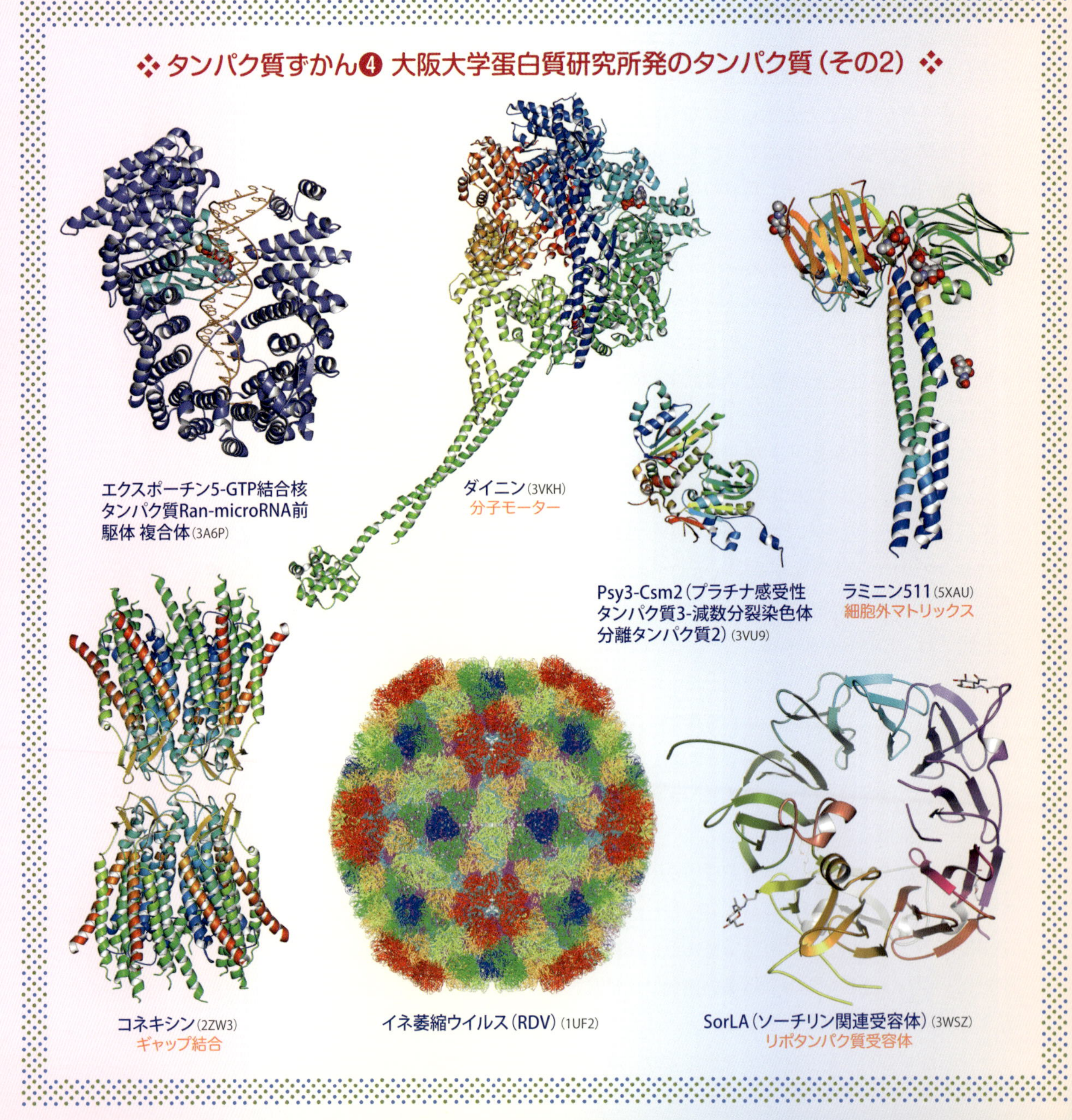
❖ タンパク質ずかん❹ 大阪大学蛋白質研究所発のタンパク質（その2）❖
エクスポーチン5-GTP結合核
タンパク質Ran-microRNA前
駆体 複合体（3A6P）
ダイニン（3VKH）
分子モーター
Psy3-Csm2（プラチナ感受性
タンパク質3-減数分裂染色体
分離タンパク質2）（3VU9）
ラミニン511（5XAU）
細胞外マトリックス
コネキシン（2ZW3）
ギャップ結合
イネ萎縮ウイルス（RDV）（1UF2）
SorLA（ソーチリン関連受容体）（3WSZ）
リポタンパク質受容体

❖ 参考文献 ❖

[06] p.24

(1) F. Sun, X. Huo, Y. Zhai, A. Wang, J. Xu, D. Su, M. Bartlam, Z. Rao, Crystal Structure of Mitochondrial Respiratory Membrane Protein Complex II, *Cell*, **121**, 1043 (2006).

(2) S. Iwata, J. W. Lee, K. Okada, J. K. Lee, M. Iwata, B. Rasmussen, T. A. Link, S. Ramaswamy, B. K. Jap, Complete Structure of the 11-Subunit Bovine Mitochondrial Cytochrome bc1 Complex, *Science*, **281**, 64 (1998).

(3) H. Guo, S. A. Bueler, J. L. Rubinstein, Atomic model for the dimeric Fo region of mitochondrial ATP synthase, *Scinece*, **358**, 936 (2017).

(4) T. Tsukihara, H. Aoyama, E. Yamashita, T. Tomizaki, H. Yamaguchi, K. Shinzawa-Itoh, R. Nakashima, R. Yaono, S. Yoshikawa, The Whole Structure of the 13-Subunit Oxidized Cytochrome c Oxidase at 2.8 Å, Science, 272, 1136 (1996).

(5) J. P. Abrahams, A. G. W. Leslie, R. Lutter, J. E. Walker, Structure at 2.8 Å resolution of F_1-ATPase from bovine heart mitochondria, *Nature*, **370**, 621 (1994).

(6) T. Takano, R. E. Dickerson, Redox conformation changes in refined tuna cytochrome *c*, *PNAS*, **77**, 6371 (1980).

[07] p.28

(1) N. Okamoto, I. Inouye, A secondary symbiosis in progress?, *Science*, **310**, 287 (2005).

(2) S. Cruz, R. Calado, J. Serodio, P. Cartaxana, Crawling leaves: photosynthesis in sacoglossan sea slugs. *J. Exp. Bot.*, **64**, 3999 (2013).

(3) J.-D. Vries, G. Christa, S. B. Gould, Plastid survival in the cytosol of animal cells, *Trends in Plant Science*, **19**, 347 (2014).

(4) R. K. Trench, Chloroplasts as functional endosymbionts in the mollusk *Tridachia crispate* (Bërgh), (Opisthobranchia, Sacoglossa), *Nature*, **222**, 1071 (1969).

(5) 栗栖源嗣，光合成における電子伝達超分子系の役割，蛋白質・核酸・酵素，**50**, 1167 (2005).

[08] p.32

(1) K. Hino, K. Horigome, M. Nishio, S. Komura, S. Nagata, C. Zhao, Y. Jin, K. Kawakami, Y. Yamada, A. Ohta, J. Toguchida, M. Ikeya, Activin-A enhances mTOR signaling to promote aberrant chondrogenesis in fibrodysplasia ossificans progressive, *J. Clin. Invest.*, **127**(9), 3339 (2017).

(2) T. Takebe, K. Sekine, M. Kimura, E. Yoshizawa, S. Ayano, M. Koido, S. Funayama, N. Nakanishi, T. Hisai, T. Kobayashi, T. Kasai, R. Kitada, A. Mori, H. Ayabe, Y. Ejiri, N. Amimoto, Y. Yamazaki, S. Ogawa, M. Ishikawa, Y. Kiyota, Y. Sato, K. Nozawa, S. Okamoto, Y. Ueno, H. Taniguchi, Massive and Reproducible Production of Liver Buds Entirely from Human Pluripotent Stem Cells, *Cell. Rep.*, **21**(10), 2661 (2017).

(3) T. Yamaguchi, H. Sato, M. Kato-Itoh, T. Goto, H. Hara, M. Sanbo, N. Mizuno, T. Kobayashi, A. Yanagida, A. Umino, Y. Ota, S. Hamanaka, H. Masaki, S. T. Rashid, M. Hirabayashi, H. Nakauchi, Interspecies organogenesis generates autologous functional islets, *Nature*, **542**, 191 (2017).

(4) 長船健二，『もっとよくわかる！幹細胞と再生医療』，羊土社(2014).

[11] p.46

(1) 奥宮清人，松林公蔵，ヒマラヤ学誌，**14**, 9 (2013).

(2) R. A. Harvey・D. R. Ferrier,『イラストレイテッド生化学 原書5版（リッピンコットシリーズ）』，石崎泰樹・丸山 敬 監訳，丸善出版(2011).

[12] p.50
(1) 藤本大三郎,『コラーゲン物語（第2版）』, 東京化学同人(2012).
(2) 真野 博,『コラーゲン完全バイブル』, 幻冬舎(2011).
(3)『コラーゲンからコラーゲンペプチドへ（コラーゲンペプチド・ファクトブック出版事業）』, 日本ゼラチン・コラーゲンペプチド工業組合(2014).

[17] p.72
(1) 宇佐美真一 編,『きこえと遺伝子 難聴の遺伝子診断とその社会的貢献』, 金原出版(2015).
(2) 星野知之 編,『21 世紀 耳鼻咽喉科領域の臨床(Client21), No.5 内耳・内耳道』, 中山書店(2001).
(3) 神崎仁 編,『21 世紀 耳鼻咽喉科領域の臨床（Client21), No.6 聴覚』, 中山書店(2000).

[18] p.76
(1) M. Numan,'Sexual Behaviors and Sexual Differentiation' "Neurobiology of Social behavior," Academic Press（2015）, pp.109-164.
(2) C. L. Wright, J. S. Schwarz, S. L. Dean, M. M. McCarthy, Cellular mechanisms of estradiol-mediated sexual differentiation of the brain, Trends *Endocrinol. Metab.*, **21**, 553 (2010).
(3) J. Bakkera, M. J. Baumb, Role for estradiol in female-typical brain and behavioral sexual differentiation, *Front Neuroendocrinol.*, **29**, 1 (2008).

[20] p.86
(1) 後藤祐児, 過飽和生命科学の開拓, 領域融合レビュー, **2**, e002 (2013).
(2) R. Riek, D. S. Eisenberg, The activities of amyloids from a structural perspective, *Nature*, **539**, 227 (2016).
(3) A. W. P. Fitzpatrick, et al., Cryo-EM structures of tau filaments from Alzheimer's disease, *Nature*, **547**, 185 (2017).
(4) M. So, D. Hall, Y. Goto, Revisiting supersaturation as a factor determining amyloid fibrillation, *Curr. Opin. Struct. Biol.*, **36**, 32 (2016).

写真クレジット一覧

[01] p.2 daizuoxin/shutterstock

[02] p.6 molekuul_be/shutterstock

[06] p.25 図 1 VectorMine/shutterstock

[07] p.30 図 2 ドイツ・デュッセルドルフ大学 Sven Gould 博士

[08] p.30 図 2 胚盤胞補完法：metamorworks/shutterstock

[11] p.47 図 1 Blamb/shutterstock, haryigit/shutterstock
図 2 molekuul_be/shutterstock

[12] p.51 図 1 molekuul_be/shutterstock

[14] p.60 図 1 Designua/shutterstock

[17] p.72 kotikoti/shutterstock

❖執筆者一覧(五十音順)❖

［　　］内の番号は担当の章番号．◎は編集委員．

	氏名	所属	担当
	岩崎　憲治	(筑波大学生存ダイナミクス研究センター教授)	[05][21]
	大森　義裕	(大阪大学蛋白質研究所准教授)	[08]
	岡田眞里子	(大阪大学蛋白質研究所教授)	[25]
	岡本　志央	(京都府立医科大学耳鼻咽喉科・頭頸部外科学教室)	[17]
	奥村　宣明	(大阪大学蛋白質研究所准教授)	[14]
	加納　純子	(大阪大学蛋白質研究所准教授)	[22]
	川上　　徹	(大阪大学蛋白質研究所准教授)	[02]
	金城　　玲	(ブルネイ・ダルサラーム大学理学部准教授)	[03]
	工藤　高裕	(大阪大学蛋白質研究所特任研究員)	[囲み記事]
◎	栗栖　源嗣	(大阪大学蛋白質研究所教授)	[07]
◎	後藤　祐児	(大阪大学蛋白質研究所教授)	[20]
	篠原　　彰	(大阪大学蛋白質研究所教授)	[09]
	鈴木　　守	(大阪大学蛋白質研究所准教授)	[11]
	関口　清俊	(大阪大学蛋白質研究所寄付研究部門教授)	[12]
	高尾　敏文	(大阪大学蛋白質研究所教授)	[24]
	高木　淳一	(大阪大学蛋白質研究所教授)	[23]
	田中　秀明	(大阪大学蛋白質研究所准教授)	[06]
	茶屋　太郎	(大阪大学蛋白質研究所助教)	[19]
◎	中川　敦史	(大阪大学蛋白質研究所教授)	[04]
	中村　春木	(大阪大学名誉教授)	[01]
	原田　慶恵	(大阪大学蛋白質研究所教授)	[13]
	疋田　貴俊	(大阪大学蛋白質研究所教授)	[15]
	藤原　敏道	(大阪大学蛋白質研究所教授)	[05]

◎古川　貴久（大阪大学蛋白質研究所教授）［16］

Bekker Gert-Jan（大阪大学蛋白質研究所特任助教）［囲み記事］

◎北條　裕信（大阪大学蛋白質研究所教授）［10］

山口　隆司（大阪大学蛋白質研究所助教）［18］

山下　栄樹（大阪大学蛋白質研究所准教授）［05］

索　引

❖編者紹介❖

大阪大学蛋白質研究所

生命活動を担う重要な分子であるタンパク質を核にして，構造や機能を理解するためのさまざまな視点や方法論にもとづいて，生命科学研究を展開している．2010年からは蛋白質研究共同利用・共同研究拠点に指定され，幅広くタンパク質研究のコミュニティーに貢献．蛋白質解析先端研究センターでは，大型装置の共同利用を支援し，タンパク質の先端的な構造解析法の開発などもおこなっている．データベース事業として，蛋白質構造データバンク（Protein Data Bank）の世界の4つの拠点のうちのひとつとして，日本蛋白質構造データバンク（Protein Data Bank Japan：PDBj）を運営している．1958年に創設され，2018年で創設60周年を迎える．
http://www.protein.osaka-u.ac.jp

どうして心臓は動き続けるの？――生命をささえるタンパク質のなぞにせまる

2018年 11月 30日　第1版　第1刷　発行

編　　者　大阪大学蛋白質研究所
発 行 者　曽　根　良　介
発 行 所　㈱　化　学　同　人

検印廃止

〒600-8074　京都市下京区仏光寺通柳馬場西入ル
編集部　Tel 075-352-3711　Fax 075-352-0371
営業部　Tel 075-352-3373　Fax 075-351-8301
振替　01010-7-5702
E-mail webmaster@kagakudojin.co.jp
URL https://www.kagakudojin.co.jp

印刷・製本　㈱シナノパブリッシングプレス

ISBN 978-4-7598-1981-6